토목, 인생, 무엇이 궁금해?

토목, 인생, 무엇이 궁금해?

대한토목학회 여성기술위원회 펴냄
문지영 감수

KSCE PRESS
KOREAN SOCIETY OF CIVIL ENGINEERS PRESS

격려사

첫 번째 에세이집을 축하드립니다

대한토목학회 회장 **허 준 행**
연세대학교 건설환경공학과 교수

존경하는 여성토목인 여러분,

여성토목인들의 이야기를 담은 첫 번째 에세이집 출판을 진심으로 축하드립니다.

여성토목인 여러분들의 노력과 열정으로 다양한 건설 분야에서 성과를 이뤄내고 있는 현장을 보아 왔습니다. 여전히 남성 중심의 분야라는 인식이 큰 건설 분야에서 여러분은 그 한계를 뛰어넘는 창의성, 기술력, 리더십을 보여주고 있으며, 더 나아가 건설 분야에 다양성과 포용성을 증진시켜 새로운 관점과 아이디어를 주입하고 있습니다.

여러분의 이야기는 젊은 여성토목인들에게 모범이 될 뿐만 아니라, 건설 분야에서 여성의 역할을 높이 평가하고 인정받을 수 있도록 도움을 줄 것입니다. 또한 여성토목인으로서의 도전과 성공을 통해 어떤 어려움이든 극복할 수 있다는 희망을 전해줄 것으로 기대합니다.

이 에세이집은 미래 세대에게 여성이 건설 분야에서도 뛰어난 역할을 할 수 있다는 것을 증명하며, 더 많은 여성들이 꿈을 향해 나아갈 수 있도록 동기를 부여할 수 있을 것이며, 여성들이 건설 분야에서 더욱 높은 위치에 서기 위한 첫걸음이 될 것입니다.

마지막으로, 다양한 여성토목인의 성공과 실패, 도전과 성장, 열정과 헌신의 이야기를 다룬 에세이집 편찬을 위해 애써준 대한토목학회 여성기술위원회 위원들에게 큰 고마움을 전하며, 앞으로도 학회 발전에 더 큰 기여를 할 수 있기를 기대해 봅니다.

감사합니다.

격려사

자랑스러운 여성토목인

대한토목학회 여성기술담당 부회장 **손 성 연**
씨앤씨종합건설 대표

　고비고비 역경을 이겨내고 오늘의 위치에 선 여러분께 축하와 격려의 말씀을 드립니다.

　기술인의 삶이란 무정천리, 외로운 자신과의 투쟁의 길이지요. 오늘날 우리나라의 발전상을 누구나 많이 느끼실 겁니다. 국민소득, 무역규모, 사통팔달로 뻗은 도로망, 초고층 빌딩, 각종 제도 등 또 국제적으로도 A8에 접근하고 미·일과 한 축이 될 정도로 글로벌 위상도 올라갔습니다. 이런 발전상의 큰 흐름에 과학기술인들의 각고의 노력이 뒷받침 됐다는건 누구도 부인하지 못할 것입니다.

　좋은 환경에서 훌륭한 교육을 받고도 적성이나 꿈을 살리지 못한 채 조로하는 친구들을 주변에서 많이 봤습니다. 여기엔 여러 이유가 있겠지만 안타깝게 느끼고 여러 가지를 생각하게 합니다. 여성일수록 전문직에 종사하며 자신의 능력을 키워나가길 바랍니다.

　그중 하나가 공과대학의 엔지니어지요. 공대하면 남성의 전유물로 거칠고 힘들다는 선입견이 강했죠. 하지만 인간세상은 두뇌경쟁이고, 자신의 노력과 열정으로 극복할 수 있고, 차근차근 업적을 쌓을 수 있는 분야가 엔지니어링입니다. 두뇌 경쟁에서 여성이 뒤처질 이유는 아무것도 없습니다. 여성함장,

전투기조종사, 외무고시, 판검사 임용 등 모든 분야에서 여성의 진출이 두각을 나타내는 시대 아닙니까? 제가 토목과를 지원할 당시만 해도 의외의 선택이라고 주변에서 걱정 반 격려 반의 시선으로 보는 사람들이 많았습니다.

여성토목인으로서 가질 수 있는 몇 가지 장점을 생각해봤습니다.

첫째, 커리어 우먼으로서의 행복감입니다. 예전에 비해 요즈음은 건강수명뿐 아니라 직장수명, 근로수명까지 엄청 늘었습니다. 자신의 기술력으로 사회적 위상과 능력을 상징하는 직업을 오랫동안 가질 수 있다는 것은 삶의 중요한 행복입니다.

둘째, 토목엔지니어로서의 자부심입니다. 대한민국의 발전상을 피부로 느끼고 눈에 띄게 드러나는 분야는 토목기술과 건축기술이 집약된 랜드마크가 최우선입니다. 철도, 도로, 항만, 교량 등의 국가 인프라 구축에 토목인들의 땀과 기술이 배어있고 엔지니어로서 참여와 기여를 하고 있다는 자부심입니다.

셋째, 여성토목인으로서 여성의 위상제고에 일익을 담당한다는 보람입니다. 국가와 사회의 발전에는 인문학, 사회과학도 중요하지만 과학기술은 그 나라 발전의 바로미터입니다. 한동안 여성의 소외지역이었지만 여성의 장점을 펼칠 수 있고 인정받을 수 있는 분야가 되었습니다. 오히려 여성의 희소성이 돋보일 수 있는 영역입니다. 여성교수 인력 확보나 여성기업인 우대제도 등 정부의 지원책도 제도적으로 잘 마련돼 있습니다.

이 책에 실린 여러분의 옥고가 전공선택의 갈등을 겪고 있거나 관심이 있으나 생소하게 느끼는 학생들, 또한 토목의 길을 가고 있지만 어려움에 있는 후배들에게 나침반이 되어 전문직 여성으로 성공하는 계기가 되고 미래의 등불이 되길 기원합니다.

또한 여성토목인으로서 열심히 뛰고 있는 여러분을 응원합니다.

서문

뒤에서 밀어주는 여성기술위원회

대한토목학회 여성기술위원회 위원장 **정 건 희**
호서대학교 건축토목공학부 교수

여성기술위원회 위원장을 맡으면서, 올해 사업으로 에세이집을 구상했을 때는 과연 잘할 수 있을지 걱정이 많이 앞섰습니다. 그런데 일을 진행하면서 제 걱정이 괜한 일이었다는 것을 서서히 깨닫게 되었습니다. 제가 혼자라면 절대 할 수 없었던 일들을 할 수 있도록 너무 많은 분들이 도와주셨습니다.

에세이집 제작을 위한 소위원회를 구성하자, 교수님들께서 적극적으로 에세이집에 들어갈 질문들을 모아서 정리해주셨습니다. 그리고는 저자섭외와 에세이집 작성 방향도 깔끔하게 제안해주셔서 무작정 해보자고 덤비며 시작했던 제 머릿속을 정리하는 계기가 되었습니다. 그리고 12분의 저자분들이 한 분도 빠짐없이 정성껏 원고를 작성해서 정해진 기한 내에 보내주셨고, 원고에는 기대했던 것보다 훨씬 더 진솔하고 소중한 경험들이 담겨 있었습니다. 역시 각자의 분야에서 최고로 꼽히시는 분들이 왜 최고가 되셨는지 느낄 수 있었던 순간이었습니다.

본 에세이집은 한국여성과학기술단체총연합회의 단체지원사업의 지원으로 수행하고 있는 대한토목학회 여성기술위원회의 '여성토목인 Reborn 프로젝트' 사업을 통해 제작되었습니다. 부족한 예산과 촉박한 일정 때문에 부담스러운 부탁이었음에도 불구하고, 기꺼이 참여해 주신 12분의 저자 분들과 모든 원고의 감수를 맡아 해주신 문지영박사님의 재능기부로 에세이집 출판이 가능했습니다.

토목공학을 전공하고 여성토목인으로 활동하면서 어려운 순간들도 많았지만, 항상 큰 힘이 되어 주셨던 선배님, 후배님, 그리고 동기들이 있었습니다. 제가 받았던 감사한 도움과 마음을 이 에세이집을 통해 조금이라도 돌려드리고자 했습니다.

에세이집의 시리즈 이름을 Civil Women's March라고 지었습니다. '여성토목인들이 함께하는 발걸음'이라는 의미로, '여성토목인들의 목소리를 내기 위한 저항'으로, '여성토목인들의 발걸음과 목소리가 사실은 일반 시민들의 그것과 같다'는 많은 의미를 담아보고자 했습니다.

올해의 첫 번째 에세이집을 시작으로 토목 분야 여성구성원들의 이야기를 듣고, 서로의 힘이 되어줄 수 있는 사업을 차곡차곡 이뤄나갈 수 있기를 기원합니다. 그 중심에서 대한토목학회 여성기술위원회가 열심히 뛸 것입니다.

마지막으로 늘 도와주시고 격려해 주시는 대한토목학회 회장님과 부회장님을 포함한 구성원분들과 사무국분들께도 진심으로 감사드립니다.

항상 건승하는 여성토목인이 되시길 기원합니다.

목 차

격려사 　 허준행 (대한토목학회 회장 / 연세대학교 건설환경공학과 교수)

　　　　 손성연 (대한토목학회 여성기술담당 부회장 / 씨앤씨종합건설 대표)

서 문 　 정건희 (대한토목학회 여성기술위원회 위원장 / 호서대학교 건축토목공학부 교수)

1. 대학(원) 생활이 궁금해요

꿈많고 순수했던 대학시절

●●

2. 취직이 궁금해요

내 꿈을 펼칠 그곳

●●

4. 필요한 전공기술이 궁금해요

나는 준비된 사람입니다

●●

6. 여성엔지니어로서의 고민이 궁금해요

성별을 뛰어넘는 대결

●●

저자소개

저자소개

김선미

김연주

김정화

김형숙

김혜란

박소연

손순금

윤성심

이효진

장근영

정경자

황은아

저자

김선미 지앤지테크놀러지 (대표)

김연주 연세대학교 (건설환경공학과 교수)

김정화 경기대학교 (스마트시티공학부 교수)

김형숙 한국수자원공사 (금강권수도사업 단장)

김혜란 국토연구원 (국토인프라연구본부 연구위원)

박소연 SSC산업 부사장 (터널부분 부사장)

손순금 한국토지주택공사 (지역발전 디렉터)

윤성심 한국건설기술연구원 (수석연구원)

이효진 DL이앤씨 (경영진단팀 차장)

장근영 ㈜도화엔지니어링 (물산업부문 전무)

정경자 한국도로공사 (도로교통연구원 연구위원)

황은아 미래지반연구소 (연약지반 개량시공 대표)

산업체 4인, 학계 2인, 연구원 2인, 공공기관 4인
총 12인의 저자로 구성

1

대학(원) 생활이 궁금해요

꿈많고 순수했던 대학시절

질문 1
대학(원)생활 중 가장 기억에 남는 활동은 무엇인가요?

답변 》 손순금, 이효진, 김선미

손순금 선배님의 이야기를 들어봅니다.

저는 정계(政界)의 잘나가는 분들이 많이 속한 소위 82학번 즉 팔이(파리)학번으로, 그야말로 파리(Fly) 떼처럼 많은 숫자가 대학에 입학한 졸업정원제(입학 시 정원보다 30% 더 뽑되, 졸업 시 30%는 졸업 못 하는 제도) 세대의 사람이에요. 당시 사회상이 매우 복잡다단(複雜多端) 했지만요, 저는 대구에서 서울로 유학을 왔기에 남학생들이 이쁘다고 표현했던 대구 사투리를 뽐내며 열심히 놀았어요. 그러다가 대학교 4학년 때인 1985년에 대학 전공인 조경기사 자격증(1급)을 취득했죠. 그 덕에 ㈜대우 김우중 회장의 여대생공채 프로젝트 1기로 사회에 첫발을 내디뎠습니다. 그래서 저는 어떠한 경우라도 자기 전공과 관련된 '자격증'은 반드시 챙겨야(취득해야) 한다고 생각해요. 기회가 왔을 때 요긴하게 쓸 수 있는 '비장의 카드'가 되거든요. 그렇지만 제가 ㈜대우에서 뛰어넘지 못한 것이 있었네요. 여성이기 때문에 해외건설 현장 관련 업무를 할 수 없었어요. 과감하게 퇴사를 결심했습니다. 그리고 결혼과 함께 대학원에 입학했어요. 결국은 새옹지마(塞翁之馬)가 되었고요. 기혼자로 후배들과 대학원 생활을 하면서 스튜디오에서 밤도 새고, 교수님 프로젝트로 MT도 가는 등 나름 보람된 대학원 생활을 해보았네요. 그래도 기혼이었기에 한계는 있었죠. 저의 대학과 대학원 생활에서 가장 기억이 남는 활동은 역시 '스튜디오(Studio) 작업'이었습니다. 작품을 완성하느라 학교에서 몇 날 며칠을 밤새우다 보니 머리가 떡이 되기 일쑤였고, 침 흘리며 설계대(제도판)에서 자기도 했어요. 동기들과 함께한 고난의 시간 속에서 인간의 본성(이기심, 이타심 등)을 배울 수 있었답니다. 학우들과 더 끈끈해지는 것도 느꼈고요. 육체적·정신적으로 더욱 성숙한 시간이었네요. 그 외에 무수히 많은 종류의 술을 섭렵해 본 것과 무엇보다도 동아리 활동으로 했던 그림그리기는 지금까지의 생활에 많은 영향을 주고 있어요.

　20대의 모든 시간들 특히 대학교 캠퍼스에서의 활동은 무엇이든 열심히 하다 보면 이후에 본인에게 되돌아오게 되는 놀라운 마법을 체험하게 된답니다. 저를 한번 믿어 보세요.

이효진 선배님의 이야기를 들어봅니다.

　언제나 재미있는 걸 하고 싶어서 안달이 나 있었어요. 학교 안팎으로 흥미로운 도전들을 찾아다녔습니다. 여러 공모전에 참여했고, 다양한 활동에 지원했죠. 졸업 후에도 가끔 그 당시의 도전과 뜨거운 마음이 생각나곤 해요.

그중에 하나는 '한양 글로벌 프론티어'라는 교내 공모전이었어요. 선발된 팀에게는 해외 탐방 비용을 전부 지원해 주는 프로그램이었죠. 주제부터 수행 계획서까지 팀별로 자유롭게 준비하고, 서류 전형부터 면접까지 아주 치열한 경쟁 공모전. 이런 공모전에 자주 참여한다는 인문대나 경영대 학생들의 실력이 워낙 출중하여 걱정되긴 했지만요, 주제만 잘 정한다면 우리한테도 승산이 있다고 생각했어요. 토목과 동기 두 명과 저희만의 전공색(色)을 살려서 주제를 정했습니다. 인공섬과 우리나라의 역사, 그리고 관광을 잘 엮었어요. 목적지는 두바이였습니다. 두바이에서 한국 건설회사들이 한창 인공섬 건설과 초고층 빌딩을 시공하던 시기였거든요. 전공과 스토리텔링이 잘 맞아떨어졌고, 토목과 최초로 한양 글로벌 프론티어에 선발되었습니다. 학과장님께서 해외현장에 계신 선배님들께 연락을 넣어주셨고, 두바이에서 한국 건설사들의 시공현장을 견학하는 좋은 기회가 되었어요.

여행이 아니어도 좋다! 해외로 나가고 싶다! 해외가 너무 간절했던 시절, 서울시에서 또 한 번의 좋은 기회를 얻었어요. '세계 4대 문명탐사 프로젝트'라는 공모전에 지원했는데 운 좋게 선발된 것입니다. '인더스 문명' 팀에 선발되어 15일 정도 인도를 여행할 수 있었어요. 제가 토목을 전공하는 학생이었기 때문에 뽑혔다고 생각해요. 토목은 인간의 문명이 피어나는 시기엔 빼놓을 수 없는 분야잖아요? 그때 함께 팀원으로 선발된 친구들은 학교도 전공도 모두 달랐기 때문에 폭넓은 교류를 할 수 있었답니다. 그 친구들은 지금 아나운서, 기자, NGO 등 다양한 직업군에서 활동하고 있어요.

또 하나 잊지 못할 활동은 '드림 프로그램' 참여에요. 평창 올림픽을 개최하기 전, 정부에서는 올림픽 개최를 위해 정말 많은 홍보 활동을 이어왔어요. 그중 하나인 드림 프로그램은 동계 스포츠 체험이 쉽지 않은 국가의 청소년이나 해당 종목에 우수한 잠재력이 있는 청소년들을 평창으로 초대해서 동계 스포츠의 체험이나 특화 훈련을 제공했습니다. 더불어 한국 문화도 소개하며 한국에 대해 홍보하는 프로그램이었어요. 국가별로 4~5인 정도가 한 팀이 되어 초대되었죠. 각각의 팀을 전담할 자원봉사자들을 대학생들로 선발했어요. 초청팀과 함께 10일 정도 지내면서 통역도 해주고, 한국 생활에 도움도 주는 역할이었습니다. 제가 맡은 팀은 체코의 스노우보드 주니어(Snowboard junior) 팀이었어요. 열흘 동안 많은 추억을 쌓았고, 한국 문화를 알리는 동시에 세계 각국의 다양한 문화와 만나는 소중한 경험이었어요. 자원봉사자로 참여한 대학생들도 앞선 '인더스문명' 팀처럼 학교와 전공이 모두 다른 친구들이었죠. 다양한 활동과 도전에 관한 이야기를 나누면서 제 생각의 폭도 크게 확장시켰던 소중한 시간이었습니다.

여러분도 대학생들이 지원할 수 있는 수많은 프로그램에 관심을 기울여 보세요. 기업들이 대학생들을 대상으로 준비한 수많은 마케팅 활동을 잘 살펴보시기 바랍니다. 학점에 취업 걱정하기도 바쁘다고 생각하겠지만, 이런 활동들이 훗날 여러분의 취업뿐만 아니라 사회생활에도 큰 도움이 될 것이라고 확신해요. 전공에 한계를 두지 말고 다양한 활동에 관심을 가져보세요. 내가 두는 시선이 멀리 갈수록 내 세계도 확장됩니다. 내 세계를 확장시키는 만큼 내가 꿀 수 있는 꿈도 커지게 되고요. 꿈을 크게 꿀수록 이룰 수 있는 것도 이루고 싶은 것도 많아지고요.

김선미 선배님의 이야기를 들어봅니다.

토목공학과!

많은 일반적인 대학신입생들이 그렇듯 저 또한 내가 전공할 전공과목에 대해 알지 못했어요. 막연하게 건설 분야라는 것만 알고 대학 4년 생활을 했던 것 같습니다. 거의 모든 삶이 그러했듯 뒤돌아보면 많은 시간들의 아쉬움이 남네요. 중·고등학교 시절과 달리 성숙했고 자유로웠고 많은 것을 스스로 판단하고 만들어 갈 수 있는 시간들이었는데 그러지 못했던 것이 아쉬워요. 어느덧 대학 생활을 알아갈 때 즈음엔 취업을 했고, 취업 후엔 조직생활과 전반적인 사회생활에 적응하며 여기까지 오게 되었네요. 후배님들에게 아쉬움 없는 생활을 해 보라고 말하고 싶어요. 잘 놀기도 하고 많은 친구들을 사귀기도 하고, 여행도 다니고, 동아리 생활도 해보고요. 친구들 중에는 외국어에 집중하여 관련 분야나 해당 국가로 진출하는 경우처럼 그 속에서 자신의 또 다른 꿈을 찾기도 해요. 전공분야에 집중하여 지금도 그 분야에서 인정받으며 후배들도 이끌어주는 분들도 있고, 급속도로 변화되어 가는 현실생활에 맞추어 전공분야와 첨단산업을 연결하는 도약을 이룬 분도 계시고요. 이 모든 것들은 많은 사람들을 만나보고 많은 경험을 하고 많은 도전을 하면서 찾을 수 있어요. 대학 4년이라는 시간이 짧게 느껴질 수 있지만, 그래도 도전해 보기를 권유해요. 많은 경험을 통해 많은 기회를 얻을 수 있어요. 적극적인 도전은 무언가를 찾을 수 있는 기회를 만들 수 있고요. 제자리 걸음은 제자리일 뿐이니 작은 걸음이라 하더라도 한 발, 한 발 걸어 보기를 아쉬움이 많이 남는 선배로서 적극 권유해 봅니다.

질문 2
현재의 진로를 결정하게 된 대학(원) 내 활동이 있으셨나요?

답변 》 김정화

김정화 선배님의 이야기를 들어봅니다.

저는 아주대학교 교통공학과를 졸업했어요. 조금은 생소할 수도 있는 공학 분야죠. 2004년 입학 시에는 학부제로 운영하는 중이었는데요, 1학년 때는 전공교과목 중심으로 강의를 들었어요. 2학년으로 올라가면서 환경공학과, 토목공학과 그리고 교통공학과를 선택해야 하는 시스템이었고요. 입학 초부터 친하게 지내던 친구들 대부분이 환경공학과로 간다고 말했기에 저도 깊은 고민 없이 대세를 따르자는 마음이었네요. 그즈음 운전면허를 따려고 안전교육을 받는 계기가 있었는데요, 강의하시는 공단의 교수직 분의 모습이 너무 멋있는 거예요. 다소 단순한 생각에서 전공선택을 바꾸었습니다. 누군가의 앞에서 내가 아는 지식을 전달하는 일에 매력을 느끼게 된 순간이기도 했지요. 어린 마음에 그저 멋.있.다.는 생각에 사로잡혀 강의를 들었네요. 지금

돌이켜 생각해보니 한순간에 굉장히 극적으로 전공과 진로 선택이 이루어졌네요.

질문에 들어맞는 대학 내 활동이 있는 것도 아니었고, 그 누군가처럼 멋들어진 계기가 있는 것도 아니었으며, 누구나(?) 듣는 운전면허 취득을 위한 의무교육을 듣는 과정에서 예상치 못한 해프닝(Happening, 사건)이 모두 제 진로 결정에 영향을 주었습니다. 역시 20대 초, 매 순간 모든 것들이 제 인생의 영역이었고 소중한 찰나였다는 것을 이 글을 쓰면서 다시금 느낍니다. 이 길(교통전공)로 가게 되려고 운명의 보이지 않는 손이 저를 끌어당긴 것이었으려나요.

답변 》 김연주, 윤성심, 장근영, 황은아

김연주 선배님의 이야기를 들어봅니다.

저는 학부 생활 중에 미국에서 연수한 경험이 있어요. 이 기간에 여러 유학생을 만날 수 있었는데요, 특히 한국에서 대학교 학부를 졸업하고 미국 대학원에 진학하신 분들 혹은 대학원 졸업 후 현지(미국)에서 취업하신 분들과 만나서 이야기할 기회가 종종 있었답니다. 이런 경험을 통해 간접적으로나마 미국 유학의 장단점을 이해할 수 있었고, 저 또한 미국 대학원으로의 유학을 꿈꿔보게 되었어요. 이어서 토목의 여러 전공 중에서 어느 분야를 전공하면 좋을지에 대한 고민을 시작하게도 되었죠. 학부 수업 중 수문학 수업에 흥미가 있던 기억이 났어요. 미국 여러 대학의 건설환경공학과 홈페이지에서 학과 내 수자원을 전공하시는 교수님들을 확인했고 이들의 다양한 최신 연구를 살펴보았죠. 저만의 고유한 길을 찾아 나서는 과정에서 수문·기후 분야에 더 많은 관심이 생겨났어요. 그래서 관련 전문가 교수님들이 계신 대학원, 그 안에서 마음에 드는 프로그램에 저의 젊음을 던졌답니다.

윤성심 선배님의 이야기를 들어봅니다.

지금은 '학부연구생'이라는 방식으로 대학 3, 4학년 때 대학원 생활을 경험할 수 있다고 들었어요. 제가 대학생이었을 당시에는 4학년(2003년) 2학기에 대학원을 최종적으로 결정하는 것이 일반적이었어요. 당연히 연구실 경험도 하기 힘들었지요. 하지만 저는 4학년이 되자마자 대학원 진학을 결정했고 지도교수님과의 상담, 진학하고자 하는 실험실 선배들과의 인사를 모두 마쳤답니다. 취업보다는 공부를 하고 싶은 마음이 더 컸기 때문이에요. 그때 당시는 토목직 공무원 채용인원도 매우 많았기 때문에, 얼마 안 되는 여학우들은 대부분 공무원 시험 준비를 했어요. 남자가 대부분인 토목에서 공무원 이외에 여성으로서 어디까지 얼마나 살아남을 수 있을까?를 고민했기 때문이었죠. 설계회사나 건설회사에서 좋은 성과를 내고, 인정받으면서 훌륭하게 성장하고 있는 여성 엔지니어들도 있었지만, 육아나 결혼으로 한계에 부딪히는 경우 또한 종종 있었어요. 저는 그런 것을 보면서 어느 한 분야에 전문가가 되어 꼭 필요한 사람이 되어야겠다고 생각했어요. 좀 더 안전하게? 사회생활을 할 수 있을 거라고 믿었거든요. 그리고 석사과정 때는 과제를 하고 논문을 쓰면서 제가 점점 전문가가 되는 것에 도취되기도 했고요. 석사 때부터 담당하던 R&D 과제를 내 손으로 끝까지 마무리하고 싶다는 생각으로 박사과정에 진학도 하게 되었답니다.

장근영 선배님의 이야기를 들어봅니다.

　대학교 졸업을 앞두고 곧바로 졸업해서 사회인이 되고 싶었고, 경제활동도 하고 싶었기 때문에 특별히 대학원 진학에 대한 생각은 없었어요. 그리고 4학년 때 수강했던 상하수도공학이 너무 재미있어서 ㈜도화엔지니어링 상하수도부에 입사했네요(벌써 입사 27년 차가 되었습니다). 국내 상하수도 분야의 기본구상, 타당성 조사 및 분석, 기본계획, 기본설계, 실시설계 등의 업무에서 크게 만족했기에 대학원 진학에 대한 필요성은 느껴보지 못했어요. 운이 좋게도 어렵고 중요한 프로젝트도 여러 번 맡게 되었습니다. 잦은 야근과 과중한 업무를 해내며 세월이 유수(流水)와 같이 흘러갔습니다. 그러다가 임원이 되었죠. 조직 내에서의 경쟁력 확보와 대외적인 역량 확대 측면에서 장래 모습에 대해 고민을 하게 되었습니다. ㈜도화엔지니어링 물산업부문. 이 큰 조직에 속해 있는 임원이라면 어떤 역량을 갖춰야 할지? 필요한 스펙은 무엇인지? 고민하기 시작했어요. 또한, 현재 우리나라는 사회기반시설(Infrastructure)이 대부분 정비되어 이제는 유지관리 업무로 방향성이 전환되고 있는 추세이고, 국내 사업의 감소로 인한 아시아, 아프리카, 남아메리카 등 개발도상국의 사회기반시설 사업에 진출하고 있으므로 세계 건설시장에서 경쟁력을 갖출 수 있는 전문적인 엔지니어(Specialized Engineer)가 필요한 실정이니 나의 다양한 설계 경험을 바탕으로 해외사업과 건설사업을 기획하고 시행까지 이끌어 갈 수 있는 프로젝트 매니저(Project Management)가 되기 위한 객관적이며 자구적인 노력은 무엇일지? 생각해봤어요. 해결 방안은 바로 '대학원 진학'이었습니다. 더욱 넓은 시각에서 업계의 비전을 깨닫고 미래를 준비해야겠다는 결심이 계기가 된 것이지요.

해외사업은 국내사업의 관점에서 접근하면 어려움이 있어요. 그 지역의 문화적 이해, 커뮤니케이션, 개발사업특론 및 타당성 분석, 프로젝트파이낸싱 및 사업비 관리 등 프로젝트 개발자(Project Developer)로서의 역량이 필요하므로 사업수행에 직접적으로 도움이 되는 교과과정을 통해 해외사업을 수행하면서 부족했던 부분을 채우고 싶었죠. 그래서 국토교통부 해외인력발굴 국비지원 프로그램이었던 고려대학교 공학대학원 글로벌건설엔지니어링 학과에 입학하여 석사과정을 마쳤습니다.

상무 때 회사 생활과 병행했던 대학원 생활 2년은 업무와 학업이라는 두 마리 토끼 사이에서 체력적·정신적으로 매우 힘든 시기였어요. 그래도 저를 전적으로 믿어주고 지지해주는 팀원들의 도움으로 전진(前進)할 수 있었습니다. 학과의 특성상 해외사업에 대해 공부하는 하는 것 이외의 플랜트, 화공, 건축 등 다양한 분야, 다양한 연령대의 학우들과도 교류할 수 있었어요. 그때의 경험으로 더 넓은 시야를 갖게 되었고요. 세상에는 똑똑한 사람도 많고 열정적으로 노력하는 사람도 넘쳐난다는 것도 깨달았네요. 나를 다시 돌아보는 계기가 되었던 보물과도 같은 값진 시간이었습니다.

수업 내용은 차후 해외 프로젝트 수행 시 자산이 되리라는 확신이 있었기에 버티어 나갈 수 있었어요. 할 일이 너무 많아서 잠잘 시간이 부족했음에도 불구하고 오히려 더 힘내서 살았지요.

학부를 마치고 하고 싶은 공부가 있어서 바로 대학원에 진학하는 것도 좋지만 저처럼 사회생활을 하면서 본인이 공부하고 싶은 동기가 생겼을 때 도전해보는 것도 좋은 방법이라고 생각해요. 물론 업무와 공부를 병행하며 오는 체력과 정신의 힘듦은 감당할 각오가 되어있어야겠지요?

황은아 선배님의 이야기를 들어봅니다.

저는 부경대학교에서 응용지질학을 전공했어요. 응용지질은 물리탐사, 터널 굴착 시 암질파악, 지하수, 해양의 해저 지질을 조사하는 학문이에요. 기초학문에서 공학으로 온 계기는 첫 직장 때문이었어요. 첫 직장이 정보화 시공사인 '계측회사'였는데요, 1997년도에 입사해서 토질역학도 모르면서 토압을 측정하고 변형률을 관측하고 측방변위 이유를 분석해야만 했지요. 직장생활을 하면서 토질역학 책을 읽었고, 실시설계 보고서와 구조계산서를 엑셀로 만들어 가며 공부했던 기억이 납니다. 토목기사와 토질 및 기초 기술사를 취득하고도 채워지지 않는 토목공학 지식의 부족함이 느껴져서 부산대학교 토목공학과 석사과정에 입학했어요. 임종철 교수님의 강의가 너무 재미있었죠. 초롱초롱한 눈으로 수업을 경청했어요. 기술사 자격증 취득을 위해 공부하면서 이해하지 못했던 흙의 거동도 알게 되었습니다. 많은 선후배가 격려해줘서 학교를 끝까지 다닐 수 있었네요. 학부 때 토목 공학을 전공하지 못했던 터라 실험을 책으로만 배웠어요. 실제로 실험할 기회가 없었는데요, 실험용역을 만들어 학교에서 일주일간 실험하면서 배웠던 것이 가장 기억에 남아요. 박사과정은 전남대학교 건축토목공학과에서 시작했어요. 논문은 진행 중이고요, 나이 50이 되기 전에 박사가 되고 싶어요. 만 나이로 해도 2년 정도 여유를 부릴 수 있겠네요. 꿈은 이룰 수 있겠죠? 공부를 하면 할 수록 대학원 생활은 학부와 연이어 하는 게 좋겠다는 생각이 들어요. 석·박사 때 다양한 프로젝트를 하면서 실무적인 것을 배울 기회가 있을 텐데요, 실무에서는 스킬만 익히는 경우가 많아서 회사 초년생 때는 정말 많이 어려웠거든요. 실무에서도 경험이 점차 쌓이고 보던 논문과 자료가 늘다 보니 과거보다는 많이 유능해졌지만 아쉬움은 남아 있네요. 다시 한번 말하지만요, 대학원 활동은 학부와 연계해서 하는 것이 좋다는 생각에는 변함이 없어요. 박사는 선택이겠지만 석사는 학부와 연계해서 하세요.

답변 》 김정화, 김형숙, 김혜란, 손순금, 이효진, 정경자

김정화 선배님의 이야기를 들어봅니다.

대학교 학부 1학년 때는 정말 누구보다 열심히 놀았어요. 다양한 경험을 해보고 싶었거든요. 친구들이 공부 과외 아르바이트를 할 때 저는 아이스크림, 도넛 가게에서 일했습니다. 또 영화제 아르바이트 지원도 해보았죠. 그렇게 학교 밖에서 일어나는 일들에 더 많은 관심을 두고 1년을 보냈습니다. 덕분에 성적은 비참했지요. 그러다가 운전면허를 취득하는 과정에서 꿈이 생기기 시작했고, 하고 싶은 일이 생겨서 본격적으로 공부하게 매진하게 되었어요.

2학년부터는 열심히 공부했습니다. 전공과목 성적도 중요했지만 1학년 때 망쳐놓은 성적도 복구해야 했지요. 계절학기로 1학년 펑크 난 과목을 재수강하는 바람에 배낭여행을 한 번도 가지 못한 것이 너무나 아쉽네요. 7학기 조기 졸업 후 석사과정에 진학했어요. 처음에는 연구실 분위기에

적응하느라 어려움이 많았습니다. 그래도 좋은 선후배들의 도움으로 큰 문제 없이 졸업을 할 수 있었고요. 국토연구원에서 연구원으로 일할 기회도 생겨 취업도 했답니다. 사실 석사과정의 시간은 기억이 흐릿해요. 무엇이든 처음부터 배워나가야 하는 삶을 보내서였는지 정신없이 지냈던 것만 같습니다.

박사과정에서의 저는 석사과정 때 보다 적극적이었어요. 수동적으로 주는 과제에서 배워나가는 석사과정과는 달리, 제가 직접 연구과제를 기획하고 이끌어나가고 성과를 내야 하는 시스템 한가운데 놓여 있었기 때문이었죠. 또한, 일본에서의 유학 생활은 제가 적극적으로 임하지 않으면 아무도 나를 챙겨주지 않는다는 특징이 있었어요. 쉽게 도태될 수 있는 환경이었기 때문에 학업이든 언어든 무엇이든 배우고 주워 담으려고 최선을 다해 살았습니다. 장학금이 충분치 않아서 현지(일본)에서 여러 아르바이트를 병행하며 힘들게 공부했던 것이 가장 기억에 남아요. 몸은 매우 힘들었지만, 다양한 성취감도 흠뻑 느끼면서 하루하루 무럭무럭 성장한, 그런 소중한 시간을 보냈답니다.

김형숙 선배님의 이야기를 들어봅니다.

저는 한양대학교 토목공학과 93학번이에요. 학부를 졸업하자마자 바로 회사에 입사했어요. 1997년 1월에요. 너무 어리고 철이 없던 시절, 훈련받고 성장하면서 회사생활을 하다 차장 진급 이후 기회가 생겨서 회사에서 보내주는 대학원 교육을 이수할 수 있었어요. 교육파견 형식으로 서울대학교 행정대학원에 입학하게 되었습니다. 토목 전공자였지만 행정대학원에 가서 정책학이나 경제학 수업을 받았어요. 그리고 공기업 정책학 석사를 취득하게 되었습니다. 부장 이후에도 또 다른 기회가 생겼어요. 수원대학교 토목 공학과에서 박사과정을 밟고 박사 학위를 취득했습니다. 'AI를 활용한 광역 상수도 사고감지에 관한 내용'으로 박사 학위를 받았는데요, 과장 시절에 관망에 관한 업무를 한 경험과 차장 시절의 운영관리 경험, 부장 때 담당했던 디지털 업무 경험을 한 데 융합시켜 박사 학위 논문을 완성했어요.

저와 같은 사례를 미루어 볼 때, 대학교 교수가 되기 위해 혹은 특정한 목적을 염두에 두고 대학원에 진학할 수도 있지만, 회사 입사 이후에도 다양한 경로를 통해 공부할 기회가 생길 수 있음을 아셨지요? 저처럼 업무를 통한 경험을 학위 취득과 연결해서 지식의 수준을 높이는 것도 가능하답니다. 발전하는 자신을 느낄 수 있는 아주 특별한 경험도 할 수 있어요.

김혜란 선배님의 이야기를 들어봅니다.

학부생 시절에는 그저 하루하루가 즐거웠어요. 매일같이 동아리방 소파에 둘러앉아 조잘거렸죠. 오늘은 뭘 먹을까? 오늘은 어딜 놀러 갈까? 이야기 꽃을 피웠어요. 공부는 수업시간과 시험 기간에만 하지 않았나 싶어요. 요즈음과 비교하면 너무 한가한 대학 생활을 한 거죠? 그래도 그 덕에 평생을 함께할 좋은 친구들을 만났답니다. 여러분도 '학부 시절은 인생의 인간관계 텃밭을 만드는 시기'라고 생각하며 좋은 사람들과 사귀는 기회를 만드시길 추천해요. 그 관계를 소중히 이어나가시면 더 좋겠고요. 여유로운 생활을 하면서도 진로 고민은 열심히 했답니다. 김진애 박사님이 쓰신 도시 관련 책들을 많이 찾아 읽었어요. 혹시 전문직이 나을까? 싶어서 3학년 때는 변리사 시험공부를 해보기도 했어요. 공부하다 보니 내가 원하는 길이 아니겠다 싶어 4개월 만에 접었지만요.

대학원에 들어가니 새로운 세상이 펼쳐졌어요. 연구실 생활을 한다는 것은 나름의 미니 사회생활을 시작했다는 것과 같아요. 학부 시절과는 다른 선후배 관계, 교수님과의 관계, 연구 업무를 하면서 만나는 여러 사람과의 관계 속에서 새롭게 배우는 것들이 많았지요. 석사 시절의 가장 큰 어려움은 논문 주제를 정하는 것이었어요. 이건 학교나 지도교수님마다 분위기가 다른데요, 우리 연구실은 수행하는 연구과제와 관련 없이 스스로 연구 주제를 선정했기 때문에 그 과정은 참으로 고통스러웠어요. 정답이 없는 문제에서 무언가를 선택한다는 것은, 나에 대한 이해가 충분치 않으면 어려운 일이니까요. 떠 먹여주는 공부만 하다가 갑자기 수렵·채집을 통해 스스로 식량을 구해야 하는 어려움과 비슷했을까요? 조금 과장인 거 아시죠? 그렇지만 그 과정을 겪었기에 나름의 관점과 판단의 기준을 가질 수 있었고, 그것은 박사 과정에도, 또 지금의 연구원 생활에도 큰 도움이 되었다고 생각해요. 박사 과정은 그 나이의, 이미 사회생활을 시작한 친구들이 그러하듯이 독립적인 직업인(연구자)으로 성장해나가는 과정이에요. 많은 것을 읽고, 많이 그리고 깊게 생각하고, 다양한 사람을 만나야 해요. 그래야 내가 가야 할 길이 보이거든요. 어찌 보면 너무 막연한 얘기 같죠? 그렇지만 저와 비슷한 길을 걷고 있는 제 나이 또래의 분들은 공감하실 거예요. 결국은 스스로 길을 개척해야 한다는 사실을요.

손순금 선배님의 이야기를 들어봅니다.

저의 대학교 학부 생활은 지방에서 서울로 유학 온 학생들이 그러했듯 모든 게 낯설었지만 동시에 신기했어요. 환경 적응에 많은 시간을 보낼 수밖에 없었지요. 하지만 외향적인 성격 덕분에 1학년 때부터 동경하던 동아리 활동(탈춤 및 여성 권리회복단체인 민우회)을 시작해서인지 남성 위주의 학과에 쉽게 적응할 수 있었어요. 전공이 좋아서 선택했기에 최선을 다해보자고 다짐했었고요. 여기서 최선이라 하면 교수님 강의 잘 듣고, 과원들과 잘 어울리는 게 전부였지만요. 그러다 사기업인 ㈜대우에 취업하면서부터는 삶이 삐그덕거렸습니다. 전문가가 아닌 회사의 부속품, 아니 부서의 심부름꾼(속된 말로 따까리) 역할을 하는 제가 한심스러워졌어요. 주위를 둘러보니 석(박)사 출신들이 회사에서 좋은 위치를 선점하고 있더군요. 일처리 능력이 남다름을 알아보게도 되었어요. 그래서 호시탐탐 기회를 엿보았지요. 해외(리비아; Libya) 근무 발령 때문에 퇴직을 하게 되면서, 사실 퇴직이 예견되는 시점부터 대학원 진학 준비를 했고, 다행히 퇴직과 동시에 대학원 입학이 이루어졌어요. 더불어 서울대학교 환경대학원 환경계획연구소 연구원으로도 일하게 되어 다시 또 다른 형태의 바쁜 생활로 이어졌습니다. 저는 대학원에서 교수님의 연구 과제를 백업하는 연구원 생활을 통해 실무를 익힐 수 있었던 것이 신의 한 수였다고 생각해요. 을(乙)의 입장과 갑(甲)의 생리를 통해 사회에서의 제 역할이 무엇이면 좋을까? 하고 미리 생각해 볼 수 있었거든요. 박사과정에서는 재직 중 어려운 시간을 내어서 짬짬이 공부하는 방법과 주말을 활용한 안 모두를 실험적으로 시도해 보았는데요, 역시 선택과 집중을 한 주말 활용안이 여러 가지로 유리했고 보람이 있었답니다. 박사논문까지도 쓰게 되었으니 가히 성공적이었지요?

이효진 선배님의 이야기를 들어봅니다.

6년. 제가 대학교 학부에서 보낸 시간이에요. 4년의 학교생활과 1년의 어학연수, 1년의 놀이 시간으로 빼곡히 채웠어요. 4년의 학교생활은 언제나 하루가 꽉 차 있었죠. 일단 왕복 4시간의 통학. 대단했죠? '토목과'에 다니는 딸의 자취는 부모님의 결사반대로 불가능했거든요. 새벽같이 집을 나와서 종로에 있는 영어 회화학원 아침반에 다녔죠. 학교가 끝나면 거의 매일 두세 시간의 과외를 했어요. 대학에 들어온 후 등록금을 포함해서 경제적으로 독립을 해야 했거든요. 아주 열심히는 참여할 수는 없더라도 동아리 활동도 했고, 시간이 날 때마다 좋아하는 영화도 정말 많이 보러 다녔어요. 연애도 열심히 했고, 학교 수업도 (대부분) 빠지지 않고 들었습니다. 전공수업을 들으며 교직 이수도 받았어요. 공대의 몇몇 학과에서는 중·고등학교 선생님이 될 수 있는 (기본 자격을 취득을 위한) 교직 이수가 가능했거든요. 제가 다닌 한양대학교에는 토목과 대상 교직 이수 티오(TO)가 있었어요. 그러니 하루가 얼마나 바빴을지 짐작하시겠죠? 새벽같이 일어났고, 밤늦게 지쳐 쓰러져 자는 날들이 많았습니다. 20대 초반의 젊음과 체력이 받쳐주었으니 보낼 수 있는 시간이었어요. 3학년 때는 영어 어학연수를 가야겠다는 생각이 들었어요. 하지만 1년에 수천만 원이 드는 어학원을 통한 연수는 아무래도 부담스러웠죠. 공대 등록금은 그때도 비쌌고, 제가 아무리 열심히 모아도 제 살림살이는 빠듯했거든요. 그래서 워킹홀리데이 비자를 받아서 뉴질랜드에 갔습니다. 보통 호주나 뉴질랜드 워킹 홀리데이 비자를 받으면 어디로 가는지 아세요? '농장'입니다. 끝이 보이지 않는 넓은 밭에서 파를 뽑거나 딸기, 블루베리, 키위를 따요. 온종일 한마디도 하지 않는 경우가 많다고 들었죠. 어학연수와는 어울리지 않은 환경이죠? 영어 어학연수가 목표였던 저는 오클랜드 시내에 머물면서 영어학원을 꾸준히 다녔어요. 영어학원에서 청소 일을 하는 대신 수업을 들을 수 있었거든요. 주말엔 레스토랑에서 접시도 닦았고, 카페에서 샌드위치도 만들었어요. 하지만 영어 공부를 쉰 적은 없습니다. 결국엔 테솔(TESOL; Teaching English to Speakers of Other Languages) 자격증까지 야무지게 따서 돌아왔어요. 정확히 10개월간 공부했고 2달간 호주와 뉴질랜드 배낭여행을 했어요. 그간 배운 영어를 실전에서 써보는 실습 기간 같은 느낌도 들었죠.

마지막으로 1년의 놀이 시간이 궁금하시죠? 정말 최선을 다해 놀기 위해 1년 더 휴학했어요. 졸업하고 바로 취직을 하면 최소 몇 년간은 계속 일을 할 것 같았거든요. 쉼 없이 달려온 대학 시절이 취직 후 직장인의 삶으로 이어지기 전에 하고 싶은 걸 맘껏 하고 싶었어요. 먼저 동네 초등학생

아이들이 다니는 미술 공부방에 앉아서 그림을 그렸어요. "그런데 이모는 뭐 하는 사람이에요?"라는 질문을 들으면서요. 어릴 때 배우다가 그만둔 피아노도 다시 쳤어요. 듣고 싶던 강연들을 찾아다니고, 책도 많이 읽었어요. 부모님의 잔소리를 한 귀로 듣고 다른 귀로 흘리면서 나무늘보처럼 소파에 늘어져서 드라마도 마음껏 봤고요. 지금 생각하면 '세계 일주라도 하고 올 걸' 후회도 살짝 되었지만요, 제가 하고 싶은 걸 여유있게 하면서 에너지를 재충전했던 귀한 시간이었네요.

많은 기억이 시간이 오래 지나면 그저 좋은 기억, 멋진 추억으로 왜곡되는 경우가 많죠. 제가 기억하는 제 학부 생활도 그럴 거예요. 분명 시간 낭비도 많이 했을 테고, 의욕 없이 보낸 시간도 많았겠지만, 그래도 다시 학부 시절로 돌아가라고 하면 또 저렇게 할 수 있을까 싶을 만큼 꽤 재미있고 치열하게 살았던 시간이었다고 확신해요.

정경자 선배님의 이야기를 들어봅니다.

저는 사범대 지구과학교육과를 졸업하여 물리탐사에 대한 논문으로 이학석사 학위를 받았어요. 석사 논문의 주제는 '중력 탐사와 전기 탐사를 이용한 공주분지의 지구물리학적 해석'입니다. 현장 물리탐사를 위해 제주도, 울릉도를 비롯한 전국을 돌아다녔는데요, 시골 마을을 조사하고 여관에서 묵었던 시간이 좋은 추억으로 남아 있어요. 박사 과정은 직장 생활을 시작한 후 부족한 전문 지식을 보완하기 위해 그리고 경력관리에 도움이 되게 하려고 토목공학과로 지원했습니다. 대학원 후배들이 누나처럼 잘 챙겨주어 무사히 졸업하게 되었고요.

대학원 생활은 치열한 경쟁이 이루어지는 사회생활과는 다른 부드러운 맛에 비유할 수 있어요. 느슨한 조직 문화를 경험할 수 있죠. 상대적으로 선택의 폭이 넓기 때문으로 보여요. 그러나 연구 프로젝트를 책임지거나 학위 논문을 작성하는 과정은 다른 측면에서 훨씬 높은 수준의 기획력과 치밀함, 완성을 위한 책임감, 성실성이 요구됩니다. 저에게는 멋진 선배와 동료, 후배가 참 많았어요. 어깨 너머로 혹은 그들과 동고동락(同苦同樂)하며 그들을 흉내내고 따라 하면서 성장했다고 생각합니다.

대학원 진학 후 학과 공부 외 어떤 활동이 도움이 될까요?
선배님들만의 팁과 경험을 들려주세요.

답변 ≫ 박소연, 윤성심

박소연 선배님의 이야기를 들어봅니다.

대학원 진학 후 학과 공부 외에도 다양한 자기계발 활동을 하는 것을 적극 장려해요. 우선 중요한 것은 학과생활 및 학업을 충실히 수행하는 것입니다. 이외 활동은 별도로 하는 것이죠. 어떤 경우에는 학업을 뒤로 하고 부차적인 행동을 주로하여 결국에는 문제가 되는 경우도 보았어요.

학생 신분으로 학회 참여를 적극 권장합니다. 대표적으로는 대한토목학회가 있어요. 구조공학회, 지반공학회, 수공학회 등 전공별로 세부 학회도 존재합니다. 학회는 연구자들이 서로의 연구 결과를 공유하고 토론하는 장으로, 학문적인 네트워킹과 정보 교류에 매우 유용해요. 대학원 진학 후 자신의 연구 분야에 관련된 학회에 참여하고 발표를 하거나 포스터 세션에 참여하는 것이 좋아요. 이외에도 학술대회에서 동료 친구들도 사귀고 유명한 연구자나 교수님도 직접 만나보세요. 본인의 학문 완성에 매우 유용한 활동과 경험, 기회가 된답니다.

학술대회에 참석하려면 논문을 작성해야 합니다. 우선 소논문부터 시작하세요. 참고로 대학원 생활에서는 논문 작성과 게재가 매우 중요합니다. 논문 작성은 취직을 할 때 필수적인 자격요건으로 활약을 할 수 있고요. 국내논문보다는 국제논문지에 투고하는 것을 권장해요. 해외논문 실적을 인정하는 경우가 더욱 빈번해지는 추세거든요. 논문 실적은 연구 능력 향상과 학계에서의 인정을 얻는 데 도움이 됩니다.

연구 조교 및 실습생 등의 활동도 좋아요. 학과 활동을 통해 연구가 많은 교수님과 교류하고 연구 경험을 쌓을 수 있으면 더 좋고요. 연구관련 업무 수행, 세미나 혹은 워크숍 등의 행사를 기획하고 운영하는 것에 적극 참여해 보세요. 방학 동안 대학교 외부 교육 및 워크숍에 참여하는 것도 권장합니다. 대학원 내에서는 자신의 전문분야뿐만 아니라 다양한 보충 교육과 워크숍에 참여하는 것이 도움이 됩니다. 이를 통해 새로운 기술과 동향을 배우고, 여러분야의 연구자들과 교류할 수 있어요.

나만이 가지고 있는 장점을 만드세요. 학과 공부 외에도 자신의 분야에서 자율적으로 연구를 진행해 본다거나 개인 프로젝트를 수행하는 것도 도움이 됩니다. 자신의 관심사를 더 깊게 탐구하게 되고, 창의적인 문제해결능력을 키울 수 있게 되거든요. 가장 중요한 것은 자기계발 활동을 선택할 때 자신만의 관심과 목표를 맞추는 일입니다. 다양한 경험을 통해 전문성을 발전시키고 넓은 시야를 갖추는 것이 대학원 생활에서 성장하는 데 도움이 됩니다. 당연히 연구의 깊이도 갖춰야겠지요?

윤성심 선배님의 이야기를 들어봅니다.

석사과정 때는 처음 연구주제를 받고 공부를 하느라 연구와 관련된 프로그래밍 언어를 배우는 것 외에 별도로 시간을 내서 자기계발을 할 시간이 없었어요. 박사 과정에 진학하고 나서는 석사 때와는 정도가 다른 연구량으로 너무 바빴지만, 국제 공동연구를 진행하면서 영어의 한계를 느끼게 되었고 학교 근처 영어 회화 학원에 새벽반으로 다니면서 공부한 것이 유일한 자기계발 활동이었네요. 지금 생각해보면 대학원을 다니면서 연구를 진행하기 위해 공부한 과정들이 일종의 자기계발이 아니었을까? 생각해봅니다.

저는 수자원공학을 전공했어요. 좀 더 세분화하면 수문기상학을 연구했습니다. 해당 연구를 위해서는 리눅스(Linux) 운영체계에서 대용량의 특정 양식으로 저장되는 기상자료를 처리하고, 이미지나 수치로 표출하는 프로그래밍 기술이 필요해요. 그 당시에는 포트란(Fortran), IDL, 쉘 스크립트(Shell Script) 언어를 공부하면서 동시에 코딩(Coding)도 해가면서 연구를 진행했어요. 그 이후로도 프로그래밍 언어의 발전과 최근 연구 경향에 맞춰서 파이썬(Python)을 이용하고 있습니다. 최근에는 딥러닝(Deep Learning) 기술이 대부분의 과학기술분야에 활용되고 있어요. 하나의 프로그래밍 언어라도 기본적으로 잘 습득하면 대학원 생활이나 향후 연구에도 도움이 될 거예요. 부지런히 배워 놓으면 좋겠어요.

기술적인 자기계발 외에도 이공계 여성 대학생·대학원생들이 연구역량 및 리더십(Leadership)을 강화할 수 있도록 지원해주는 연구지원 프로그램(WISET)이 있답니다. 해당 프로그램은 본인의 전공에 대한 심화연구 및 자기주도적인 연구개발 수행에도 도움이 될 것으로 보여요.

대학원 진학 후 조교 활동과 같은 행정 업무의 비율은 어느 정도이며, 본인의 연구 활동에 얼마나 영향(지장)을 줄까요?

답변 》 박소연

박소연 선배님의 이야기를 들어봅니다.

대학원 생활 중에 학과 공부 외에도 다양한 연구경험을 할 수 있어요. 연구활동에 대한 몇 가지 팁과 제 경험담을 말씀드릴게요.

교내 또는 외부 연구실과의 협업이 중요해요. 토목학과 외의 다른 연구실과 협력 연구를 할 수 있으면 최고지요. 다양한 분야의 연구자들과 교류하며 새로운 아이디어와 관점을 얻을 수 있거든요. 이 부분은 담당(지도)교수님의 역량이 매우 중요해요. 교수님의 대외 활동력과 연구력이 큰 영향을 줄 것이니까요. 조금은 다른 그러나 맥이 같은 이야기인데요, 연구실 선정도 인생의 매우 중요한 결정 중 하나라고 생각합니다.

이제 국제화는 선택이 아닌 필수에요. 국제연구협력이 중요합니다. 국내 또는 국제적으로 다른 대학이나 연구기관과의 협력연구프로젝트에 참여할 수 있으면 용기있게 도전하세요. 사회에 나와서도 매우 좋은 네트워크를 형성하는 뿌리가 될 수 있어요. 본인의 연구영역을 확대하는데 결정적인 역할을 할 수도 있고요. 연구실별로 국제연구네트워크를 형성하고 국제학술대회에 참여하거나 논문을 공동으로 작성하여 개인의 능력이나 위상을 올려보세요.

대학교 학부 시기동안 사회적응훈련을 할 수 있으면 더욱 좋아요. 최근에 외부 인턴(견습생) 모집이 많아요. 정부, 기업, 연구소, 공사, 공단 등 실제 산업 현장에서 문제 해결 방법을 배우고 실무 경험도 쌓을 수 있는 좋은 기회랍니다.

조금 먼 미래의 이야기일 수 있는데요, 창업을 꿈꿔보시는 것도 좋겠습니다. 대학원 생활 중에 창업 프로그램이나 스타트업 경연대회에 참여해서 아이디어를 개발하고 사업화하는 경험도 해보시길 추천해요.

마지막으로 사회공헌 활동도 시간이 허락된다면 적극적으로 하세요. 예를 들어, 교육프로그램 개발이나 지역사회문제 해결을 위한 프로젝트 등에 참여하길 바랍니다. 사회적인 공헌을 통해 자기 자신도 몰랐던 스스로의 가치를 재발견할 수도 있어요.

가장 중요한 것은 다양한 연구 경험을 통해 자신만의 관심 분야와 목표를 찾고 이에 맞는 경험을 찾아 과감하게 시도해보는 것이 아닐까요?

2

취직이 궁금해요

내 꿈을 펼칠 그곳

토목학과(학부, 석사, 박사) 졸업생들이 많이 취직하는 회사는 어디일까요?

답변 》 김정화, 박소연

김정화 선배님의 이야기를 들어봅니다.

교통공학과는 산업공학과 토목공학에 그 뿌리를 두고 있어요. 또한, 도시공학의 요소도 포함하고 있는 만큼 융합학문의 성격이 강하지요. 사람과 물자의 이동에 관한 사회문제를 다루는 데 목적을 두고 있기에 공공의 성격이 강한 곳에서 다양한 일을 할 수 있습니다. 중앙정부부처 또는 지방자치단체의 교통 전문직 공무원을 비롯하여 한국교통연구원, 국토연구원과 같은 국책 연구기관에서도 일할 수 있어요. 또 한국건설기술연구원, 도로교통공단, 교통안전공단 등의 중앙정부부처 산하 연구기관과 서울연구원, 경기연구원, 인천연구원 등 지방자치단체 산하의 연구기관에서 역량을 펼칠 수도 있고요.

이와 함께 한국도로공사, LH 등 국토 및 도시, 교통 관련 시설의 건설 및 운영기관과 교통시설의 계획, 운영, 영향평가, 문제점 진단 및 대책을 컨설팅하는 기업체로의 취직도 가능하답니다. 정말 다양하지요?

박소연 선배님의 이야기를 들어봅니다.

토목공학과 졸업생들은 다양한 분야와 규모의 회사에 취업해요. 어떤 분야나 비슷하지만 토목분야도 대체로 다른 산업과 유사하다고 보시면 됩니다.

보편적으로 생각하는 것이 일반 회사입니다. 우선 대형 건설사가 있어요. 대형건설사 혹은 시공사는 대기업의 브랜드가 있기에 많은 학생들이 선호하기도 하죠. 건설사에서는 기본적으로 토목에서 하는 건설 업무를 주로 해요. 도로, 다리, 터널, 댐, 지하철 등 다양한 건설 프로젝트를 수행합니다. 건설 현장에서의 시공 및 관리 업무에도 토목공학 전문 지식이 필요해요. 현대건설, 삼성물산, GS건설, DL이앤씨, KCC건설, SK에코플랜트, 롯데건설, 포스코이앤씨 등의 시공회사가 대표적입니다. 이외에 다수의 중견 회사들이 있어요.

시공을 하기 위해 우선적으로 기본설계를 합니다. 사업의 예비타당성조사도 포함하고요. 기본적인 토목 설계, 토지 조사 및 환경 평가, 교통 계획 등을 계획 및 설계하거나 컨설팅을 하는 중소기업에서도 토목공학과 졸업생들을 원해요. 이들 토목전문인력을 바탕으로 실시설계까지도 해낸답니다.

이외에 건설을 담당하는 발주기관이 있는데요, 국가 혹은 지방 정부의 도로, 교량, 하천 등 공공시설관리를 위해 공공기관이나 정부 기관에서 토목공학과 졸업생들을 채용해요. 기관은 국가의 공공사업을 추진하며 설계, 시공 및 관리에 관여하고 있어요.

대학원생 이상의 학력 소지자는 연구계나 학계도 노려볼 만합니다. 토목공학 분야의 연구소나 대학에서 연구원, 교수 등의 진로도 가능해요. 연구 실적을 쌓고자 하는 경우, 연구기관이나 대학에서 논문을 쓰거나 관련 연구를 수행해도 좋겠지요? 각 공사에서도 연구소를 두고 있으며 정부출연 연구기관에서도 토목관련 연구자를 모집해요. 한국건설기술연구원, 한국 철도기술연구원, 한국지질자원연구원 등이 대표적입니다.

질문 2
대학(원)을 다니면서 취직을 위해 준비해야 할 것들을
알려주시겠어요? 개별 전공 연계로 설명을 부탁드려요.

답변 》 김혜란

김혜란 선배님의 이야기를 들어봅니다.

대학원은 연구자로서의 길을 가기로 한 것이기 때문에, 취직을 할 수 있는 범위가 넓다고 할 수는 없어요. 외국대학에서 학위를 받지 않은 박사 취업자에게는 통상 영어성적을 요구합니다. 그런데 의외로 이 기본적인 것이 준비되지 않은 경우가 있더군요. 자신이 희망하는 기관에서 어떠한 업무를 주로 담당하는지 살펴보는 것, 어떠한 자격조건을 바탕으로 채용하는지 미리 살펴보는 것은 매우 기본적인 첫 번째 스텝이 되겠죠?

연구기관에서 수행하는 연구과제는 자체 발굴을 통한 내부과제(협동과제 등 포함)와 외부기관 발주의 수탁(受託)을 통한 외부과제로 구분돼요. 내부

과제는 대부분 기관의 누리집에서 공개하고 있어요. 정부출연연구기관의 경우 국가정책연구포털(www.nkis.re.kr)에서 대부분 확인할 수 있으니 관심 있는 연구 주제에 대해서 종종 검색해보거나 최신 등록 자료들을 보면서 연구 트렌드(Trend)를 파악하시면 좋을 거예요.

또, 취업을 희망하는 기관에 있는 다른 연구자들이 어떤 분들인지 궁금하시다면, 관련된 학회나 각종 세미나, 토론회 등에 자주 참석하여 가까이서 지켜보는 것도 좋아요. 그런 곳에서는 단지 연구성과를 공유하는 것에 그치지 않고 다른 연구자와 소통하는 과정을 엿볼 수 있거든요. 더욱 확장된 정보를 접하실 수 있답니다.

지금까지 말씀드린 것은 일반적인 준비사항이었고요, 제 전공인 교통계획과 관련하여 말씀드릴게요. 우선 '데이터 분석 능력'과 '모형/현상의 해석 능력'을 갖추는 것이 필요해요. 모형/현상의 해석 능력은 과거에서부터 중요하게 인식되어 온 항목이랍니다. 하지만 최근에는 데이터 분석 능력이 점차 그 중요성을 인정받고 있어요. 탁월한 분석 능력을 갖추는 것은 연구자로서 활동 범위를 확장시킬 수 있는 키포인트(Key point)에요. 고유의 활동 영역을 공고히 다질 수 있는 핵심 능력이기도 합니다. 이건 코딩 수업을 듣거나, 몇 가지 주제로 실습해 보는 것만으로는 충분치 않아요. 최근에는 각종 데이터 분석대회가 개최되고 있으니 이를 활용해보는 것도 추천합니다.

대학(원) 과정에서 배운 기술을 최대한 적용 및 활용할 수 있는 직장(회사, 대학교, 연구소 등)은 무엇이 있을까요?

답변 》 윤성심

윤성심 선배님의 이야기를 들어봅니다.

토목 분야에 종사하게 되면 대학원 과정에서 배운 기술들뿐만 아니라 학부때에 배운 전공 기술까지 모두 활용할 수 있다고 생각해요. 토목환경 공학과를 졸업하면 일반적으로 설계사, 건설회사, 공사, 토목기술직 공무원, 연구소 등으로 취업하게 되는데요, 맡은 업무는 다르겠지만 기본적으로 학부 때 지식을 활용하게 됩니다. 물론 대학원에서는 좀 더 세분화된 전문기술을 배우게 되어 실무에 더 도움이 된다고 생각하고요. 제 경험상 대학원에서의 공부는 학부에서 배운 전공책을 장별로 세분화해서 배우고, 이론에 그치지 않고 실제 과제에 적용, 결과를 도출하는 과정이라고 생각해요. 저는 대학원에서 홍수예보기술을 개발하는 연구를 주로 했어요. 학부 수문학에서 배웠던 강우분석, 유출해석 개념을 바탕으로 강우유출 모델링을 해서 홍수량을 산정했고요. 또한 홍수예보에 필수적인 강우예측 정보를 레이더 관측 정보로 생산하는 기술도 배웠습니다. 그 과정에서 다양한 수문모형 실행 방법, ArcGIS 소프트웨어, 프로그래밍 언어(Fortran, IDL, Shell script) 등을 익혔죠. 이렇게 배운 기술은 현재 연구원에서 잘 사용하고 있습니다. 제가 생각하기에 대학원에서 배우는 기술은 세분화된 전문기술이므로 취업하시고자 하는 업계나 업종이 설계사나 연구 분야라면 보다 큰 도움이 될 것으로 생각해요.

질문 4
건설회사(시공사) 취직 이후의 삶은 어떤가요?

답변 》 박소연, 이효진, 황은아

박소연 선배님의 이야기를 들어봅니다.

건설회사(시공사)에 취직한 후의 삶은 다양한 요소에 의해 달라질 수 있어요. 회사 생활은 개개인 혹은 회사와 부서(팀)의 분위기에 따라서 매우 다양한 차이가 납니다. 어떤 게 정답이라는 건 없고요, 팀 분위기, 직장상사 등 변수가 많죠. 일반적인 내용에 대해 말씀드릴게요.

기본적으로 회사에서는 회사 업무와 짜여진 일정을 소화해야 합니다. 건설회사의 경우, 수주를 하는 임원분들이 계세요. 만들어 온 일거리의 매우 기본적인 내부 업무를 수행하는 것이 신입직원의 할 일입니다. 건설사 업무는 프로젝트의 현장 시공 및 관리 업무가 중심이 되요. 현장에서의 작업 일정에 따라 유동적인 업무 시간과 조정이 필요할 수도 있습니다. 여성의 경우, 특히 현장 근무가 매우 어려워요. 그러나 최근에는 남녀 차별이 거의 없어서 여성기술자도 현장에 배치되어 근무하는 경우를 흔히 볼 수 있게 되었어요. 우선 여성기술자에게는 현장 작업에 필요한 체력이 요구됩니다. 성차별이 있을 경우 스트레스를 해소하는 지혜와 구체적인 해결 방안도 필요하고요.

건설 현장은 다양한 기술자들이 모여서 의논하고 협의하는 경우가 많아서 협업이 무엇보다 중요해요. 특히, 다른 직군과의 소통과 조율을 바탕으로 공동의 목표 달성을 위해 노력해야 합니다. 여성기술자의 장점을 살려 협업과 팀워크 분위기를 긍정적으로 만들 수 있으면 좋겠지요?

여성기술자에게 현장 작업 환경은 쉽지 않아요. 거칠죠. 건설 현장은 종종 야외에서 이루어지며, 날씨와 환경 변화에 따라 작업 환경이 변동될 수 있습니다. 더운 여름이나 추운 겨울과 같은 자연 환경에 적응해야 하고요, 시설물 건설과 관련된 위험 요소에 대한 여성 자신의 안전을 지키는 것 또한 중요해요.

무엇보다도 직장생활에서의 기술력은 확보해야 합니다. 취업 후에도 계속해서 전문성을 발전시켜야 하고요. 새로운 기술 동향에 대한 학습과 업무 관련 자격증 취득, 프로젝트 관리 및 리더십 스킬 개발 등을 통해 꾸준히 자신을 성장시키세요.

기술이 쌓이게 되면 자연스럽게 승진도 되고 자부심도 가지게 됩니다. 더 큰 규모의 프로젝트에 참여하거나, 팀장이나 관리자로 승진하여 하나의 프로젝트를 책임지게 될 수도 있습니다.

개인의 선택과 노력, 회사의 문화와 환경 등에 따라 건설회사에서의 취직 후 삶은 다양하게 변화할 수 있어요. 중요한 것은 자신의 목표와 가치에 맞는 일을 선택하고, 꾸준한 발전을 위해 노력하는 것입니다.

이효진 선배님의 이야기를 들어봅니다.

"Welcome to Hell"

이렇게 시작하면 너무 무서운가요? 걱정하지 마세요, 시간이 조금 지나면 여기가 Hell인지 Heaven인지 잘 모를 정도로 시간이 훌훌 지날 테니까요. 건설회사에 취직한 이후의 삶은 정말 정신없이 흘러갑니다. 건설회사에서 삶의 향기와 농도는 근무 위치, 맡은 프로젝트, 함께하는 사람들에 따라 모두 달라져요. 정말 극과 극입니다. 말 그대로 복불복이랄까요. 국내와 해외의 근무 환경이 다르고, 국내에서도 현장이냐 본사냐에 따라 또 다릅니다. 해외에서도 현장과 지사(혹은 법인)의 차이가 있지요. 함께 일하는 사람들에 따라 제가 일하는 곳이 지옥이 되기도 하고 정말 행복하게 성장하는 일터가 되기도 하고요.

저는 입사 후 국내 현장, 본사, 해외 현장을 두루 경험했어요. 신입사원으로 입사하자마자 국내 현장으로 갔습니다. 국내 현장의 하루는 해뜨기 전 이른 새벽, 현장 사이트(Site, 작업장)에서 작업자들과 다 함께 '국민체조'를 하면서 시작해요. TBM(Tool Box Meeting)으로 그날의 작업을 확인하고 안전주의 사항을 당부하는 활동으로 하루의 문을 엽니다. 여름엔 해가 빨리 뜨니 일찍 일어나야 해서 괴로웠고, 겨울엔 더 짙은 어둠 속에서 추위와 싸우며 체조하기가 정말 싫었어요. 지금 생각하면 철부지 같은 마음인데, 아침마다 10분만 비가 오면 좋겠다고 생각한 적도 있었죠. 대부분의 현장은 일이 정말 많고, 자연스레 야근도 빈번했어요. 그래도 눈앞에서 쭉쭉 올라오는 구조물들을 보면 뿌듯한 마음이 들었답니다. 무럭무럭 자라는 '내 자식'을 바라보는 마음이 이런 걸까? 싶기도 해요. 현장 수당이 포함된 월급 덕분에 한 달에 최소 한 번은 현장이 조금 더 좋아지기도 합니다. 대신 토목 현장은 지방이나 외진 곳에 많잖아요? 댐, 섬, 혹은 해외 현장 같은 곳들. 그런 곳에 가면 가족, 친구, 애인과 만나기 힘든 경우가 많아요. 수도권 현장에서 근무하면 도시의 삶을 영위할 수 있지만, 그 나름의 고충도 있습니다. 아이와 함께 지하철 현장을 지나가던 아이 엄마가 현장에서 근무하는 공사팀 직원을 가리키며 "공부 열심히 안 하면 저 아저씨처럼 된다!" 말했다더라는 우스갯소리 들어보셨죠? 그 직원이 우리나라에서 제일 좋은 대학을 나왔는데도 말이에요. 소음이나 분진에 대한 민원(民怨)도 많아서 여러모로 쉽지 않은 게 수도권 현장입니다.

본사에 오니 현장에 있을 때보다 시간적 여유가 비교적 많아지더군요. 물론 담당 임원이나 팀장, 본인의 특성에 따라 조금씩 달라지지만요. 현장에서 본사로 막 돌아왔을 때는 1주일에 2일의 주말을 모두 쉴 수 있다는 사실에 정말 행복했습니다. 하지만 본사의 업무 특성상 보고서 작성도 많고, 시급을 다투는 일들도 발생해서 개인 성향에 따라 본사보다는 현장을 더 선호하시는 분들도 계세요.

해외 생활을 꿈꾸는 사람들에겐 건설회사도 좋은 선택지입니다. 해외 영업직들은 세계 곳곳을 누비기도 하고, 해외현장에서 근무하면서 4개월마다 돌아오는 긴 휴가에 마음껏 여행도 할 수 있으니까요. 넉넉한 해외수당도 매력적이죠. 하지만 가족을 한국에 두고 오는 경우, 가족과 분리된 생활에 대한 고충이 가장 크더라고요. 사랑하는 가족에게 좋은 일이든 나쁜 일이든 일이 생길 때마다 곁에서 함께하지 못한다는 건 속상한 일이니까요.

시간은 빠르게 흐릅니다. 나이가 들수록 시간은 더 빠르게 흐른다는 어른들의 말씀을 실감하는 요즘이에요. 제가 취직한 곳이 시공사였든 다른 곳이었든 희로(喜怒, 이 글자, 크고 진하게 쓰고 싶군요)애락(愛樂)의 순간들이 분명 있었을 거예요. 아마 어디든 회사란 곳이 대부분 그렇겠죠? 시공사에서의 삶, 처음엔 Hell인 줄 알았는데 여전히 Hell이지만, 그래도 버틸만한 Hell이네요.

황은아 선배님의 이야기를 들어봅니다.

제가 취업 활동을 했을 때는 지금과 달랐어요. 평생직장을 구할 생각이 없어서 부산 집 근처에 있는 직장을 구했죠. 사실 남편이 벌어다 주는 월급으로 생활할 줄만 알았어요. 근무환경과 복지가 훌륭한 직장에 취업하는 것 보다 선배가 있는 안정적인 곳으로 취업을 했습니다(요즘 친구들에게는 미안하지만요). 대학은 인맥을 만드는 노는 곳 정도로 생각했었네요.

직장생활은 대학 때와는 매우 달랐어요. 월요일부터 토요일까지 근무, 야근은 필수였고요, 밤샘 작업도 당연하게 생각하면서 2년을 보냈습니다. 결혼할 즈음 부산에서의 직장 생활을 그만두고 광양으로 오게 되었고, 그때부터 연약지반 계측일을 본격적으로 수행하게 되었어요. 폴(Pole)을 들고 침하판 계측을 했죠. 간극수압 및 층별침하계, 지중경사계를 측정하고 정리하고 분석하는 업무를 담당했어요. 현장에서 여자 기술자가 없다 보니 제가 하는 모든 일이 남자 기술자들에겐 호기심의 대상이었지요. 현장일이 사무실

근무보다 좋았어요. 머리가 복잡할 때는 폴을 들고 뛰어다니며 측정하고 누구의 간섭 없이 저만이 할 수 있는 것들을 해내는 게 좋았거든요.

현장에서는 계측업무 이외에도 모든 일을 처리해야 하는 만능 기술자가 됩니다. 광양항 배후단지 현장에서 일하면서 제가 만들었던 압밀예측자료, 여수국가산단에서 3년간 계측팀장으로 있으면서 했던 사례별(Case by case) 검토, 해외현장에서 팀장직을 수행해달라는 러브콜(Love call)도 갑자기 생각나네요.

저는 현장직이 더 좋았고 저와 잘 맞는다고 생각했어요. 종종 힘들고 짜증났던 것도 사실이지만요, 그 시간이 있어서 지금은 이렇게 미화되어 좋았다고 회상할 수 있는 것 같아요. 그런 수많은 시간의 축적으로 여기까지 올 수 있었겠죠? 현장이 열악한 건 사실이지만 저처럼 구속받는 것을 싫어하고 자기가 주도적으로 이끌어가는 것을 좋아하는 사람이라면 현장이 더 잘 맞고 빛을 발할 수 있을 겁니다.

학교에서 배운 토목공부를 바탕으로 증권사나 부동산 등 확장 업무를 하고자 하는데요, 선배님들 가운데 학부 전공을 살려 타분야로 취직하신 경우가 있으신지요?

답변 》 김연주, 황은아

김연주 선배님의 이야기를 들어봅니다.

저는 대학교 학부 전공 그대로 대학원에 진학했고 현재 교수가 되었지만, 동기 또는 선후배분들의 진로를 보면 전공을 살려 다른 분야에 진출해 성공한 예도 적지 않게 있어요. 질문에서처럼 학부 졸업 후, 경영 분야로 석사학위를 취득하고 은행이나 증권사 등에 취업하기도 해요. 은행, 증권사에서 건설 관련 업무를 전문으로 활약할 수 있거든요. 어떠한 분야로 진출하든 건설환경공학과 학부 4년동안 배우고 경험했던 것들은 새로운 분야로의 발판 혹은 전문적인 시너지(synergy, 동반 상승)를 낼 수 있답니다. 우선 전공공부를 열심히 하세요. 다 남거든요. 피가 되고 살이 된답니다.

황은아 선배님의 이야기를 들어봅니다.

멋진 생각이네요. 두 가지 모두 잘하려면 먼저 토목 분야에서 일하는 것을 추천해요. 그다음에 다른 분야로 가야 토목에 관한 내용을 파악할 수 있거든요. 책에서 배우는 것들은 한계가 있어요. 정말 기초적인 내용이죠. 요즘 중대재해처벌법이 생겨서 토목현장에서도 법을 아는 것이 매우 중요해요. 제가 아는 분은 토목현장에서 약 5년간 일을 했고요, 로스쿨 진학 후 건축, 토목현장의 전문 변호사가 되었어요. 물론 그렇게 하는 과정이 쉽진 않았겠죠? 두 분야에서 전문가가 되어야 하니까요. 법조계에서는 이렇게 특정 분야를 전문으로 하는 변호사가 있어요. 건축, 토목 관련 법정 다툼이 있게 되면 저희도 토목 전문 변호사에게 의뢰한답니다.

토목 학부에서 공부한 후 부동산 분야로의 확장업무는 완전 다른 분야는 아니어서 연계가 쉬울 것 같아요. 실제 부동산학과에서는 도시계획분야와 밀접한 혹은 도시계획을 전공한 사람들이 부동산학과 박사학위를 취득하는 경우가 많거든요. 저는 토목공학 박사를 공부하기 전에 부동산학과 박사학위 취득을 위해서 공부를 한 적이 있어요. 참고로 저는 도시계획분야가 아닌 지반공학을 전공한 사람이라는 것을 말씀드려요. 박사과정 중에 학교에서 만난 분들은 개발지구를 만들어 아파트를 분양하거나 부동산의 가치를 평가하거나 도시계획을 전공하는 등 다양한 분들이 모여서 같이 공부를 했어요. 도시계획을 하셨던 분들이 부동산 분야에 쉽게 적응하셨던 것 같아요. 사실 저는 중도에 포기했네요. 왜냐하면 저에게는 숫자로 보여지는 학문이 익숙한데요, 이 분야는 정성적(定性的)인 부분이 많더라고요. 제가 생각할 수 없는 분야였지요. 그래서 문과적인 부분이 많다고 판단했고, 저와는 맞지 않는다고 생각해서 포기했어요. 확장업무를 생각하는 후배님이 좌뇌와 우뇌발달이 좋다면, 문과적·이과적 기질이 공존한다면, 병행하셔도 좋을 것 같아요. 공학적으로 접근해야 하는 부분을 알고 정성적인 시각으로 상황을 볼 수 있는 능력이 있다면요.

　연계되는 분야가 완전히 다른 분야일 때는 저는 학부과정만으로도 해결되지 않는 부분들이 많아서 짧게라도 실무 경험을 쌓는 것이 필요하다고 봅니다.

얼마나 많은 곳으로 취업 준비를 해야 할까요? 가능한 많은 회사 원서를 넣는다? 가고 싶은 회사를 집중적으로 공략한다? 선배님들의 경험에 비춘 가감 없는 현실적인 이야기를 들려주시겠어요?

답변 》 윤성심

윤성심 선배님의 이야기를 들어봅니다.

많은 학생이 그렇듯이, 저도 박사학위를 받고 안정적으로 연구를 할 수 있는 직장에 입사하기 위해 많이 노력했습니다. 제가 원하는 곳은 대부분의 사람이 원하는 곳이었기 때문에 경쟁이 필수였죠. 제 경험을 일반화할 수는 없지만 최대한 지원을 많이 해보기를 추천해요. 서류, 세미나 전형, 임원 면접, 인성 면접 등의 과정에서 탈락의 경험을 해봤는데요, 그 과정에서 부족한 점을 수정 및 보완하여 결과적으로 좋은 결과를 얻었다고 생각하거든요.

우선 아직 지원을 해보지 않은 상태라면 취업 정보 포털이나 가고 싶은 회사의 채용공고 등의 정보를 보시면서 기본적인 서류(자기소개서, 기타 자격 사항 등)를 미리 준비해놓으시길 바랍니다. 채용공고가 나오고 채용절차가 마무리되는 기간이 생각보다 짧아요. 미리 준비하여 기회를 놓치지 않는 게 중요합니다. 또한, 회사에서 요구하는 자격증이 있다면 준비도 필요합니다. 자기소개서도 취업하신 선배에게 검독을 받아보거나, 관련 분야 종사자에게 조언을 받아보세요. 지속적으로 자신을 업그레이드 시키세요. 원하는 그곳에 최적화·양질화될 때까지요. 면접 준비도 중요한데요, 최근에 학생들이 발표하는 것을 보면 논리적으로 본인의 의사를 잘 표현한다고 느낍니다. 그러나 면접은 특이한 경우를 제외하고는 압박을 느끼게 되어 평소와는 다른 실수를 많이 하게 되요. 저는 정말 입사하고 싶던 회사의 최종 임원면접에서 너무 긴장을 많이 해서 1분 자기소개를 마무리 못 한 적도 있어요. 그 이후의 면접에는 연습을 정말 많이 해갔어요. 회사마다의 각기 다른 면접 방식을 경험하면서 면접 노하우도 온몸으로 익혔습니다. 운이 좋다고 말해야 할지는 모르겠지만요, 제가 현재 근무하고 있는 회사에 지원한 2017년도에는 4번 다른 회사에서 탈락의 고배를 마셨고요, 그 과정에서 얻은 면접경험이 실전 연습처럼 되어 결과적으로는 좋은 결과 (합격)를 주었다고 생각해요.

취업하고자 하는 목표시기에서 대략 1년 전부터는 꾸준히 입사 지원을 하시고, 채용진행과정을 온전히 경험하시면 좋겠습니다.

질문 7
취업 준비 시 가장 어려웠던 점은 무엇이었나요?
취직 준비과정에 대한 현실적인 이야기를 들려주시겠어요?

답변 》 박소연, 손순금

박소연 선배님의 이야기를 들어봅니다.

취업 준비는 학생들에게 가장 큰 어려움이자 무거운 숙제죠. 여러가지 난관이 있을 수 있지만, 취업준비 과정에서 일반적으로 어려웠던 점을 경험 삼아 말씀드릴께요.

예전이나 지금이나 취업하는 것은 어려워요. 사회 구조상 취업의 문은 좁고 졸업생들의 숫자는 넘쳐나는 것이 현실입니다. 불확실한 안개 낀 미래를 내다보면서 보이지 않는 경쟁을 해야 하지요. 원하는 분야의 일자리를 얻기 위해 극도의 경쟁적인 상황으로 몰릴 수 있어요. 그 이전에 일자리를 찾는 과정에서도 시간과 노력을 투자해야 합니다. 그 어느날 그 누군가가 식당 메뉴판을 건네듯이 여기에서 천천히 살펴보고 마음에 드는 직업을 고르라고 친절하게 알려주지 않아요. 스스로 찾아내야 합니다.

먼저, 자신을 상품화시켜 놓으세요. 내가 나를 내세울 수 있는 상품이 무엇일까요? 역으로 소비자 입장에서 나라는 사람을 선택할 수 있도록 만드세요. 취업을 위해서 자기를 잘 판매하고 자기소개서, 이력서, 면접 등을 통해 자신의 가치를 알려야 합니다. 이 과정에서 자기분석과 커뮤니케이션 능력이 요구되며, 자신의 장점을 강조하고 본인만의 경험을 설득력 있게 전달해야 합니다.

다음으로는 철저한 준비와 계획을 세워야 해요. 취업 준비는 단기적인 노력뿐만 아니라 장기적인 계획과 준비를 모두 필요로 합니다. 적절한 자격증 취득, 포트폴리오 작성, 인터뷰 대비 등 치밀한 준비 단계를 거쳐야 합니다. 미리 계획을 세우고 일정을 관리하는 능력을 갖추세요.

취업 재수생, 삼수생 등의 이야기 들어보셨죠? 한 번에 취업이 되면 좋겠지만 대부분 그렇지 못해요. 취업준비 과정에서 거절과 실패는 피할 수 없는 부분입니다. 면접에서 탈락하거나 파이널 구직 활동에서 실패할 수도 있어요. 이런 상황에서는 자신을 되돌아보고, 피드백을 받아 개선해야 합니다. 실패를 긍정적인 경험으로 삼아 성장할 수 있는 태도가 필요해요.

친구와 동료 때로는 선배들에게 조언을 구하는 것도 방법입니다. 산업 동향을 파악하고 적절한 정보와 지원을 얻을 수 있기 때문이에요. 준비 과정에서의 어려움을 극복하려면 꾸준한 노력과 투지, 유연성과 개선 의지가 필요합니다. 또한, 실패를 통해 배우고 성장할 수 있다는 성장마인드셋

(Growth Mindset)을 갖는 것도 중요해요. 취업 준비는 시간과 노력을 요구하는 과정이므로, 지속적인 준비와 발전을 위해 인내심을 가지고 노력하시길 바랍니다.

손순금 선배님의 이야기를 들어봅니다.

저는 취업을 크게 두 번에 걸쳐서 했어요. 첫 번째는 대학교 4학년 때의 ㈜대우였죠. 여대생공채로 지원해서 전공 분야 자격증만 가지고도 아주 순조롭게 취업했어요. 두 번째인 한국토지공사(LH 통합 전)는 기술직의 기혼여성이라는 이유로 한 차례 거절당한 후, 회사를 상대로 불합격 사유까지 밝혀내는 어려운 과정을 거쳐 결국에는 입사할 수 있었어요.

한국토지공사 입사 면접 때는 전공보다 회사업무와 관련된 분야의 상식 질문이 더 어려웠는데요, 이는 평소 회사 관련 신문 보도자료 등을 스크랩했던 것이 가장 큰 도움이 되었습니다. 기혼여성이라는 사유로 한국토지공사 취업에 실패한 후에는 거의 자포자기^(自暴自棄) 심정이었어요. 재도전을 하면서 지인분의 도움으로 사전 작업을 했지요. 언론에 기혼여성의 공사 입사 당위성에 대한 사설 등을 제공했어요. 대학 시절 동아리 활동(여성민우회) 인연을 활용했습니다.

이처럼 취업 준비는 자신의 강점과 약점을 모두 잘 알고 도전하는 것이 중요해요. 제가 취업하던 시기의 시대 상황으로서는 사기업은 말할 것도 없었고 공사조차도 기혼여성의 취업이 힘들었기에 저의 약점을 보완하는 준비가 필요했어요. 저만의 강점으로는 제가 가진 관계망(여성들의 권익을 보장하는 단체소속)과 졸업 전 ㈜대우 취업경험, 대학원 시절 연구소 활동이 있었죠. 이것들이 남다른 경력으로 인정을 받았다고 생각해요.

질문 8
취업을 위한 자기소개서와 면접은
어떤 방법으로 준비하면 좋을까요?

답변 》 박소연

박소연 선배님의 이야기를 들어봅니다.

서점에서 취업관련 서적을 찾아보면 정답지가 나와 있지요. 일반적인 내용이더라도 한 번 정리해 볼께요.

자기분석과 목표를 설정하라. 자기소개서와 면접을 준비하기 전에 자기분석을 통해 자신의 강점, 경험, 역량을 파악하고 목표를 설정하는 것이 중요해요. 토목시장에서 어떤 일이 나에게 적합한지 파악하고 업종을 정하는 것이 중요합니다. 어떤 분야에서 일하고 싶은지, 어떤 경력과 역량을 가지고 있는지를 정확히 이해하시길 바래요.

내가 원하는 회사업종에 대한 사전 자료 조사 및 검토가 필요합니다. 지원하는 회사나 직무에 대해 가능한 철저하게 조사하고, 관련된 업계

동향과 요구 사항을 미리 파악하세요. 회사의 비전, 가치관, 프로젝트 등을 알아보고 자신의 경험과 연결시킬 수 있는 핵심 포인트를 찾아보는 것도 의미가 있습니다.

내가 누구인가에 대해 상품으로 포장해야 합니다. 포장과 더불어 내용물도 중요하지요. 자기소개서는 자신의 경력, 역량, 성과를 강조하면서 본 회사와 직무에 대한 관심과 적합성을 어필하는 문서입니다. 구체적이고 간결한 문장으로 자신의 이력과 경험을 효과적으로 전달하세요. 개인의 장점을 구체적인 사례를 통해 어필^(appeal)하면 좋겠죠?

이제 기회가 찾아왔습니다. 대면^(對面) 면접 준비를 위해 좋은 인상이 남을 수 있도록 준비하세요. 자기소개서를 바탕으로 심층적인 인터뷰가 진행됩니다. 면접 질문에 대한 예상과 대답을 준비하는 것은 기본이죠. 자신의 경험과 성과에 대한 구체적인 예시를 나열해봅니다. 회사와 직무에 대한 깊은 이해를 바탕으로 한 예상 질문과 답변도 준비해요. 연습 면접을 통해 자신의 언어 표현, 자세, 태도 등을 개선할 수도 있습니다. 돌발 질문이 왔을 때 당황하지 말고 솔직하게 답변하도록 하세요. 어설픈 행위는 오히려 마이너스^(minus)입니다.

면접에 대해 피드백하고 동료들 앞에서 연습도 해보세요. 내가 누구인지 개인 SNS 등의 활동으로 나의 존재감을 느끼게 하셔도 돼요. 자신의 강점과 성과를 확실히 전달하고, 솔직하고 긍정적인 태도로 말합니다. 자신에 대한 자신감을 가지세요. 계획적으로 충분한 시간과 노력을 투자해서 준비하시면 문제없습니다.

학생들이 쉽게 들을 수 없는 현직 생활에서만의 이야기를 들려주시겠어요?

답변 》 김형숙, 박소연, 손순금, 장근영, 정경자, 김선미

김형숙 선배님의 이야기를 들어봅니다.

회사는 월급을 받는 곳이죠. 이제부터는 프로(프로페셔널; Professional)입니다. 하지만 학교를 졸업하고 누구나 처음부터 일을 잘할 수는 없어요. 3년 정도는 선배들한테 배우면서 소위 밥값을 하기 위해 노력해야 합니다. 스트레스도 많이 쌓이죠. 내가 무엇을 하고 있는지도 잘 모를 무렵이니까요. 저는 대학교를 졸업하자마자 입사하게 되어 정말 철이 없고 무지에 가까웠던 햇병아리 신입사원이었어요. 그 시절에는 사무실에서 담배를 피우기도 했고, 야근은 기본에 철야도 가끔 했던, 회식은 빠지는 것을 상상도 못 했던 시절이었어요. 그 당시에 사업을 하나 담당했는데요, 현장에서 올라오는

실정을 보고도 내용을 몰라서 정말 괴로웠어요. 스트레스로 안 아픈 데가 없었던 거 같아요. 하지만 소위 짬이 생기고 나서부터는 차츰 내 존재의 의미를 찾고 밥값을 해 나가기 시작했습니다. 정신력과 체력이 뒷받침돼야 그 시절을 지나갈 수 있어요. 후배님들도 나중에 입사해서 '아! 왜 나만 못할까?' 하는 생각이 들더라도 실망하지 마세요. 노력하다 보면 어느새 어엿한 멋진 선배님으로 성장해 있을 겁니다.

박소연 선배님의 이야기를 들어봅니다.

너무 개인적인 이야기로 전체를 대변하는 것은 오히려 오해를 불러 일으킬 것 같아요. 그래서 기본적인 회사생활을 말씀드릴게요. 하나의 사업을 예를 들어 설명하는게 좋을 듯합니다.

어떤 한 사업이 수주가 되면 프로젝트 수행에 대한 계획과 실현성을 따져야 하고, 실행을 위하여 예산도 짜야 할 것입니다. 프로젝트 수행에 앞서서 현실적인 제약사항과 예산을 편성해야 하고요. 실현가능한 프로젝트인지? 아니면 어려운 난제를 가지고 있는 부분은 없는지? 검토를 합니다. 주어진 예산을 어떻게 편성할지 고민하는 것도 중요하고요. 프로젝트를 수행할 때, 타 부서와 또는 다른 회사와의 협업이 매우 중요해요. 목적이 다른 회사들 간의 보이지 않는 경쟁도 있고요. 이를 해결하는 방법과 소통 방식에 대한 부분도 민감한 문제입니다. 프로젝트에서의 협업은 단순히 개인의 역량과 기술에만 의존하는 것은 아니에요. 서로 다른 배경의 전공자들과의 원활한 의사소통을 위해서는 상호 간의 이해와 원활한 커뮤니케이션 능력을 갖출 필요가 있어요. 이것이 프로젝트의 성공에 큰 영향을 미칩니다.

사회 분위기와 환경변화에 따른 변동과 불확실성도 항시 검토해야 합니다. 건설시장은 외부 환경의 영향을 많이 받아요. 최근에는 아파트 경기 불황으로 어려움을 겪고 있는데요, 이런 부분에 대한 대책 마련도 미리 준비해야 합니다. 예상치 못한 상황이나 재난, 재료 가격 변동 등이 특정 프로젝트의 일정이나 예산에 영향을 줄 수도 있어요. 이러한 변동성과 불확실성에 대비하기 위해 유연성을 갖추고 대처능력을 발휘하는 것이 중요하겠지요?

건설 프로젝트는 다양한 장소와 환경에서 진행됩니다. 도시 내부, 야외, 해외 등 다양한 장소에서 작업해야 할 수 있으며, 지리적·기후적 조건에 따라 작업 환경이 달라질 수 있으니, 이와 관련된 문제들을 슬기롭게 해결해야 합니다.

위의 이야기들은 현직에서 경험한 바에 기반한 것이지만, 각각의 회사와 프로젝트는 독특한 요소와 상황을 가지고 있어서 일반화하기는 어려워요. 중요한 것은 '현실을 이해하고 대응하는 능력을 기르는 것'이며, '자신의 전문성과 역량을 지속적으로 발전시키는 것'이랍니다.

손순금 선배님의 이야기를 들어봅니다.

현직 생활이라는 것이 그렇습니다. 역시 생각과는 다르고 뜻한바 그대로 되지 않지요! 예를 들어 어떤 이유에서든지 군대처럼 회사도 먼저 입사한 사람이 무조건 우선권을 가지더군요. 즉 연구원 등 학위에 따른 위계가 아닌 일반적인 입사시험으로 직원을 선발할 때와 같은 입사순위가 결국 직급 순이 되더라고요. 따라서 LH 입사를 꿈꾸시는 분들의 경우에는 굳이 석(박)사를 하고 들어오실 이유가 전혀 없어요. 무조건 빨리(졸업 전이라도) 입사하고, 공사의 다양한 교육복지 혜택을 활용하면 됩니다. 심지어 개인의 능력에 따라 해외에서 석(박)사 과정을 진행할 수도 있어요.

여성이어서 불리한 점이 있기도 하지만, 본인 하기 나름입니다. 즉 절대로 스스로가 여성이어서 힘들 것이라는 생각을 가지면 안 되며, 심지어 여성이어서 더 유리할 때도 많음을 기억해야 해요. 홍일점(紅一點)이라는 용어가 다소 거부감이 들 수 있겠지만 때로는 아주 유용하거든요. 본인에게 돋보이는 능력이나 성과가 있다면, 승진대상자 중 유일하게 여성이어서 더 유리할 수 있어요. 저의 경우 ㈜대우, 대학원을 거쳤기에 입사 동기들보다 2~3년 늦게 입사해서 여러모로 고전했지만요, 결국에는 여성이어서 더 빨리 승진할 수 있었어요.

여러분들이 뛰어날수록 여러분들의 적은 남성이 아닌 여성이 될 경우가 많습니다. 저도 인정하기 싫지만요, 여성의 시기심은 남다르거든요. 그래서 항상 경계 아닌 경계와 더불어 잘난 척을 하시면 안 됩니다. 뭔가 부족하거나 어려우면 여성 선후배들에게 먼저 도움을 청하되 너무 본심을 다 밝히시면 곤란하니 유념하시길 바래요.

장근영 선배님의 이야기를 들어봅니다.

대학생 때는 자신이 선택한 전공 분야의 전문 서적과 강의 수강을 통해 다양한 지식을 쌓고, 사회에 진출하기 위한 기본 발판을 준비하는 시기라고 생각해요. 졸업이 가까워질 때쯤 지도교수님이나 선배들에게 전공 분야와 관련된 구체적인 진로 방향, 취업이 가능한 회사, 발전이 예상되는 분야, 준비하면 좋을 것들 등에 관해 이야기도 많이 듣고 고민도 깊게 해보는 시간을 갖길 바랍니다.

큰 방향과 목표를 설정하고 이를 위해 차분히 준비해보세요. 사회생활은 학업 과정을 높은 성적으로 졸업했어도 간접적일 수밖에 없어요. 무슨 이야기냐고요? 내가 아는 지식과 기술을 실전(실무)에서 활용해보기 전에는 무엇을, 어떻게 해야 할지 알 수 없다는 말이에요. 그리고 실제로 내가 습득한 전문 지식과 기술이 사회에 나와서는 100% 활용되지 않는답니다. 예를 들어 고등학교 과정에서 배운 미·적분 함수, 삼각함수, 통계 등의 수학이(수학을 전공으로 하는 일을 제외하고) 실생활에서는 충분히 활용되지 않는 것과 비슷해요. 그렇다고 학부 과정에서 열심히 공부하고, 스펙을 쌓으면서 미래를 준비하는 과정 전체가 의미 없다는 뜻은 아니랍니다. 기초가 튼튼해야 구조물이 안전하게 더 높이 올라갈 수 있다는 사실은 진리거든요.

학생들은 모르는 현직 사회생활의 핵심은 무엇일까요? 제 경험으로는 '사람'이에요. 모든 사회 분야에 해당할 수 있는데요, '사람'에 따라, 어떤 사람들과 어떤 일을 하게 되느냐에 따라, 더욱더 효과적으로도 때로는 더 힘들고 비효율적으로도 일하게 되요. 건설엔지니어링 업무는 팀 단위로 계획을 수립하고 설계를 수행하기 때문에, 대내외적인 사람들과의 소통, 화합, 교류가 전문지식과 기술력 못지않게 매우 중요해요. '사람'이 핵심임을 잘 받아들이면 OOO부장의 질책, OOO대리와의 의견충돌도 줄일 수 있답니다. 야근을 하지 않아도 깔끔한 보고서와 설계서가 작성될 거예요. 사람을 잘 알아보는 기술도 익혀야겠죠? 타인과 소통하는 법은 당연히 연습해야 하고요. 저는 매일 아침마다 우리 회사의 핵심가치(Core Value)인 "사람이 하는 일이고 사람을 위해 하는 일이다."라는 말을 마음속에 항상 되새긴답니다. 잊지 마세요. '사람'이 키(Key)라는 것을요.

사회 진출을 앞둔 여러분은 기본 지식이 어느정도 채워졌어요. 이제는 정확하고 신속한 판단 능력을 갖추고, 현명하게 사람을 대하는 지혜로운 마음을 갖도록 노력하는 것이 학부 생활의 마지막 준비단계가 아닐까 생각합니다.

정경자 선배님의 이야기를 들어봅니다.

어디서 직장 생활을 하든 그 조직의 구성과 특성을 파악하고, 조직에서 개인의 역할과 비전을 설정하는 것이 중요해요. 저는 한국도로공사 R&D본부 산하 도로교통연구원 구조물연구실에서 연구원으로 근무합니다. 한국도로공사 R&D본부는 도로교통연구원과 국가연구개발사업을 주관하고 있는 스마트

도로연구단, 스마트건설사업단으로 구성되어 있어요. 도로교통연구원은 연구개발을 담당하는 7개의 연구실인 안전혁신연구실, 포장연구실, 구조물연구실, 교통연구실, 환경연구실, ICT 융합연구실, 도로서비스연구실이 있고요, 관리부서인 연구운영팀, 연구기획실, 그리고 품질시험센터, ITS 인증평가센터, 지하안전평가센터로 구성되어 있습니다.

구조물연구실에서는 고속도로의 구조물 가운데 터널(터널은 안전혁신연구실에서 담당)을 제외하고 교량, 암거, 방풍벽, 방음벽을 대상으로 설계, 재료, 건설, 유지관리를 포함하는 연구개발과 기술을 지원해요. 총 15명이 근무하고 있으며 지반 분야 연구원은 2명으로 구조물기초, 지반과 관련된 내용을 담당합니다.

연구개발업무는 한국도로공사의 중장기 발전전략에 맞추어 작성한 연구개발로드맵과 시사성이 있는 현안 문제 해결을 위해 추진하는 자체과제와 정부에서 수탁하는 국책연구과제로 나눌 수 있어요. 자체과제는 보통 연 단위로 수행하며, 자체 연구 인력이 충분하지 않기 때문에 산·한·연 공동연구를 많이 수행해요. 연구과제는 고속도로의 건설과 유지관리 현장의 기술적인 문제를 해결하기 위한 것이 대부분인데요, 지침이나 기준 수립 등이 성과목표인 경우가 많습니다. 이는 공공기관의 특성이 반영된 것으로 공사 자체의 이익뿐만 아니라 공공성을 추구하기 때문이랍니다. 또한, 고속도로 건설현장과 유지관리 현장에서 발생하는 사고의 원인 규명과 해결방안을 제시하는 기술지원을 수시로 하고 있어요.

김선미 선배님의 이야기를 들어봅니다.

여성으로서 특히 토목분야는 불모지였죠. 직장생활을 즐기며 이어갈 수 있는 하나의 활력은 그 조직에서 본인의 적정한 위치에요. 즉, 승진은 빼놓을 수 없는 어쩌면 가장 큰 요인이라 볼 수 있어요. 30년의 건설회사 생활을 돌이켜보면 승진 때마다 다른 동기들보다 조금은 더 노력을 해왔던 거 같아요. 건설회사 특성에 맞게 해외현장을 지원한다거나 정해진 현장이나 또 다른 위치에서 나의 역량을 발휘할 수 있는 일들을 찾아본다거나 하는 등, 본인 스스로 적극적인 자세를 키워나가며 두려워하지 말고 머뭇거리지 않고 나아갔습니다.

내가 결정한 일은 즐길 수 있도록 스스로 만들어 가야 해요. 어릴 때 흔히 "꿈이 뭐야?"라는 질문에 대통령, 소방관, 외교관 등 TV나 간접적인 수단을 통해 좋아 보이는 직업들을 이야기했죠. 그런데 얼마나 많은 사람들이 어릴 적 꿈을 이룰 수 있었을까요? 또 그 꿈을 이루었다면 지금도 즐기면 만족하며 살고 있을까요? 직업뿐만 아니라 일상생활도 가족, 친구 등의 인간관계에서 스스로의 노력으로 또는 자세로 더 나아지거나 그렇지 못하게 되더군요. 흔히 일보다 사람들 간의 관계가 더 힘들다는 이야기들을 해요. 업무가 힘들다 하더라도 동료들 간 관계가 좋다면 직접적인 도움을 받을 수도 위로를 받으며 또 적응해 나아갈 수도 있어요. 이 모든 것은 자신의 적극적인 마음과 행동에서 비롯된다고 봐요. 적극적인 자세만으로 문제를 다 해결할 수는 없지만 많은 부분에 도움이 되더라고요. 후배님들에게 스스로를 칭찬하며 독려하고 생활해 나가기를 권유합니다.

3

진로가 궁금해요

토목공학의 미래를 묻다

토목과의 미래 전망에 대해 어떻게 생각하시는지요?

답변 » 김형숙

김형숙 선배님의 이야기를 들어봅니다.

일단 단답형으로 "매우 밝다."라고 답하고 싶어요. 일단 제 얘기를 해볼게요. 과거 1993년도에 토목공학과에 입학했을 당시에 저는 저의 고등학교에서 자연계 여학생 중 유일한 공대 진학자이자 한양대학교 토목공학과에서는 역대 두 번째 여학생이었습니다. 대학 진학을 지도하는 선생님들도 왜 굳이 왜 토목공학과를 가려고 하냐며 반대하셨지만, 토목 분야에 몸담고 계시던 아버지께서 "토목 분야는 너무 넓고 할 수 있는 것도 무궁무진하다. 아마 네가 가서 잘 할 수 있을 것이다."라고 말씀하시며 격려해 주셨답니다. 역시 대학교에 와서 너무나 큰 성별 차이(성비, 남녀 학생의 비율) 때문에 혼란스럽기도 했지만요, 입사 이후 토목과를 선택한 것에 대해 후회한 적은 없어요.

한국수자원공사는 물관리를 전문으로 하는 회사에요. 광역상수도, 지방상수도, 댐 건설, 댐 운영, 산업단지 조성 등 다양한 분야의 일이 있고, 사무소도 각양각색이었기에 적성에 맞는 업무를 찾는 것이 어렵지 않았어요. 토질, 기초, 도로, 구조, 물관리 등 사회인프라시설물 가운데 토목이 적용되지 않는 분야가 없죠. 이 가운데 물관리의 중요성은 기후변화시대에 더욱 강조되고 있는 듯 보였고요. 할 일이 태산(太山)이랍니다.

토목은 인간이 활동하는 역사이래 또 미래에도 계속 중요할 것이라 확신해요. 요즘의 디지털 시대에는 기존의 토목에 디지털을 입히는 활동이 활발하게 시도되고 있는데요, 우리 토목인들에게 또 다른 도전과제와 활동 분야가 생겨날 거예요. 어때요? 벌써부터 마음이 설렌다고요?

질문 2
토목 분야 또는 건설 산업의 동향과 변화를 잘 파악할 수 있는
방법은 무엇일까요?

답변 》 박소연, 손순금

박소연 선배님의 이야기를 들어봅니다.

정보의 홍수 시대이죠. 자료가 너무 방대하고 출처도 많아서 어떤 한 곳을 선정하기가 매우 어려워요. 토목분야와 건설 산업의 동향과 변화를 파악하는 방법은 여러가지 루트가 있는데요, 개략적으로 말씀드리면 다음과 같아요.

건설 산업에 관한 매체와 출판물을 주기적으로 참고하세요. 건설산업 전문지, 학술논문, 기술보고서, 시장리포트 등을 읽어 최신 동향과 기술적인 발전을 파악할 수 있습니다. 내가 보고 싶은 정보지를 선정하여 주기적으로 발간되는 도서를 찾아 볼 수 있고요, 최근에는 전자책(e-book) 개념으로 개인 메일로도 받아 보는 경우도 있으니 참고하세요.

건설 산업과 관련된 협회, 전문기관, 연구소 등의 웹사이트를 방문하고, 이들이 주최하는 세미나, 워크샵, 컨퍼런스 등에 참여하는 것도 도움이 됩니다. 이러한 행사에서는 최신 동향과 산업의 주요 이슈들을 논의하고 공유하거든요. 시간과 공간제약이 많기 때문에 소셜 미디어 플랫폼이나 온라인 커뮤니티에서 건설 산업에 관한 토론과 정보를 찾아보는 것도 유용해요. 트위터(Twitter), 페이스북(Facebook), 유튜브(YouTube) 등의 플랫폼에서 산업전문가, 업계관계자, 학계전문가 등을 팔로우하고 그들의 글과 자료의 업데이트를 주시하세요.

토목공학 및 건설 관련 분야의 연구논문, 학술저널, 학회발표지 등을 읽고 동향을 파악하는 것도 중요합니다. 학계의 연구 동향은 산업의 변화와 연결되는 경우가 많거든요.

학생들에게는 쉽지 않은 일이지만 현장경험을 할 수 있으면 좋습니다. 이를 계기로 새로운 일들이 벌어질 수도 있으니까요. 프로젝트 현장에 참여하고 다양한 전문가들과의 소통을 통해 최신 동향과 산업 내부 정보를 얻을 수 있어요. 다른 전문 분야와의 네트워크로도 산업의 굵직한 동향을 파악할 수 있답니다.

손순금 선배님의 이야기를 들어봅니다.

자기 전공 분야의 동향과 변화를 잘 파악하는 것은 매우 중요한 사안이에요. 사실 저도 학창 시절엔 잘 몰라서 하지 못한 것인데요, 스스로 찾아서 해야 할 것들이 있어요. 관심 분야를 명확히 정해야 합니다. 대학교에서 1, 2학년을 지내고 보면 전공 중에 특히 본인이 잘하거나 재밌는 세부분야가 생길텐데요, 이것을 중심으로 뉴스나 항간의 여러 자료에 관심을 갖고 지켜봐야 해요. 그러다 보면 그 분야가 궁금해지고 더 찾아보게 돼요. 심지어는 저처럼 내가 이걸 하려고 태어난 건 아닐까? 하는 착각까지도 해보게 된답니다.

두 번째로는 대학(원)생 시절 교수님들이 참여하시거나 참석을 권하는 학(협)회 등의 행사에 적극적으로 참여해 보는 것입니다. 가능하면 가입비를 내고 정회원자격이면 좋겠지만요, 가입은 다음에 하더라도 교수님의 연구실에 갈 때마다 또는 학과사무실에 있는 학(협)회에서 발간하는 책자를 통해 전공분야의 최신 동향과 변화를 파악할 수 있으면 좋겠어요. 좋은 자료이자 정보랍니다.

세 번째로는 전공 관련 자격증을 취득하는 것입니다. 보통 주전공분야 자격증은 1~2개인데요, 유사분야까지 합치면 여러 개 더 있어요. 매 학기 수업시간의 과목과 연계해서 이들 자격증을 일단 취득하세요. 입사 시 혹은 업무 진행 시 매우 유용하게 쓰인답니다.

이상 제가 말씀드린 세 가지 정도를 직접 실행으로 옮겨보세요. 자기 전공분야와 연계된 부가 지식에도 호기심을 가지면 좋아요. 토목이라면 도시계획, 건축, 조경 및 교통, 환경 등의 분야와 밀접하게 연계되므로 이들 분야에 대해서도 전문가가 누구인지 어떤 분야가 대세인지 등에 대한 나름의 넓고 얕은? 지식이 필요합니다.

질문 3
현장에서 가장 많이 쓰고 중요하다고 생각하는 기술이나 기기,
이를 위해 필요한 역량은 무엇일까요?
직업별 구체적인 준비항목이 궁금해요.

답변 》 이효진

이효진 선배님의 이야기를 들어봅니다.

현장에서 가장 많이 쓰는 기술, 저는 엑셀(Excel)이라고 생각해요. 토목과 학생들이 내심 기대했던 기술과는 아주 다르죠? 하지만 아마 거의 모든 직장에서 가장 중요한 역량으로 꼽힐 겁니다. 엑셀을 다루는 기술이요. 엑셀이라는 프로그램이 있기 전과 후의 업무 능률은 천지개벽(天地開闢) 수준이라고 감히 말할 수 있어요. 회사에는 많은 종류의 숫자들이 있어요. 매출, 실적, 견적, 예산, 원가 같은 단어들이 언제나 숫자로 표현됩니다. 그 숫자가 돈일 때도 있고, 수량일 때도 있고, 퍼센트일 때도 있어요. 그 모든 숫자를 만들고 다루고 보고하는 것이 직장인들의 업무가 되죠. 그 모든 경우를 조건에 맞게 빠르게 계산해 주는 것이 엑셀 프로그램입니다. 단순 계산분만 아니라 조건에 따른 결괏값을 제일 빠르게 가져올 수 있어요. 그렇다 보니 직장인들은 연차가 쌓일수록 엑셀과 한 몸이 됩니다. 거의 모든 문서를 엑셀이라는 프로그램 하나로도 해낼 수 있다고 보면 돼요. 과거에는 이걸 직접 손으로 하나씩 계산하고 만들어 냈다고 하니, 생각만 해도 아찔해집니다. 여러분도 엑셀과 미리 친해지면 큰 도움이 될 거예요. 엑셀과 연관된 자격증 공부를 해 보는 것도 추천합니다. 자격증의 유무가 중요한 건 아니에요. 다만 자격증을 취득하려는 작은 목표가 생겨야 조금이라도 더 공부하게 되잖아요? 그 과정에서 엑셀에는 이런 기능도 있구나! 하는 정도만 익혀도 큰 도움이 됩니다. 있다는 것만 알면 그다음부터는 찾아 쓰면 되니까요.

다음으로 필요한 건 논리적인 글쓰기입니다. 회사에서는 수많은 종류의 글을 씁니다. 사내/외 공문, 품의서, 보고서, 계획서, 업무 협조 요청 등 종류도 많고 형식도 다양해요. 어떤 문서이든 결국 전달하고자 하는 의도가 정확하게 담겨있으면 됩니다. 그렇게 쓰는 데 필요한 것이 바로 논리적으로 글을 쓰는 능력이에요. 간결하고 담백하게 쓰는 것이 중요하죠. 기승전결의 흐름에 따라 내용을 처음 보는 사람도 이해할 수 있도록 써야 해요. 이 과정에서 장황하게 늘어놓으면 산만해지고, 논리가 부족하면 신뢰도가 낮아집니다. 보고하는 내용을 뒷받침하는 근거가 반드시 함께 들어가야 하고요. 필요한 경우에는 표와 그래프로 도식화해서 한눈에 알아볼 수 있도록 깔끔하게 표현하는 것도 능력입니다. 여기까지도 쉽지 않죠? 보고받는 대상자가 높은 사람일수록 보고서는 좀 더 어려워진답니다. 많은 경우 '한 장'에 모든 것이 다 담아내기를 요구받기 때문이에요. 모든 내용을 다 담되, 분량은 줄이는 건 생각보다 정말 어려운 일입니다. 짧게 쓰는 게 길게 쓰는 것보다 훨씬 힘들다는 건 경험해보면 알게 될 거예요. 이때 가장 필요한 게 논리적인 글쓰기. 스스로 글쓰기에 익숙하지 않다고 생각되면 많이 읽는 것부터 시작하기를 추천합니다. 좋은 글을 많이 읽다 보면 자연스럽게 다양한 서술 방식이나 논지 전개 방법을 익히게 될 겁니다. 다양한 종류의 글을 많이 읽다 보면 새로운 형식의 문서를 만나도 쉽게 적응할 수 있어요. 또 틈나는 대로 무엇이든 써보는 연습을 해 보시기 바랍니다. 그렇게 하다 보면 회사에 들어와서 선배들이 작성한 문서들을 참고해서 금세 회사용 글쓰기의 감을 잡게 될 거예요. 많이 읽고 많이 써 본 사람이 글을 잘 씁니다.

어떤 사람이 대학원에 진학하면 좋을까요?

답변 》 김연주, 김정화, 윤성심

김연주 선배님의 이야기를 들어봅니다.

어떤 사람이 대학원에 진학하면 좋을까 하는 질문에 대한 답은 쉽지 않으니, 학부와 대학원의 다른 점이 무엇인지 답을 해볼게요. 학부 과정에서는 대부분 교수(선생님)의 강의를 듣고 강의 내용을 잘 이해하여 좋은 학점을 취득하는 데 일차적인 관심과 목적이 있어요. 즉, 답이 있는 주어진 문제를 잘 풀어내는 게 중요해요. 물론, 4학년의 설계 관련 수업은 약간 다를 수 있습니다. 대학원 과정에서도 강의식 수업 수강을 포함합니다만, 학위 논문 주제를 정하고 이에 관한 연구를 수행하는 부분이 더 중요해요. 학위 논문 작성을 위한 연구라는 것은 정확한 답이 없는 문제해결 및 탐구과정이에요. 기존 연구를 바탕으로 문제를 정의하고, 이에 대한 가설을 세우고, 가설을 검증하는 과정에서 정해진 길을 찾기란 쉽지 않은데요, 특정 분야의 문제를 정의해보고 해결하고 적용하는 반복 훈련을 통해서 서서히 전문적인 능력을 갖춘 전문연구자가 될 수 있답니다.

기업에 취직해서 실무에서 실력 발휘를 하던 학교나 연구원에서 계속 연구를 하던 대학원 생활의 경험은 본인을 더욱 성장시켜 줄 거예요.

김정화 선배님의 이야기를 들어봅니다.

진로에 대한 명확한 비전(Vision, 이상)과 목표가 없던 시절에 저는 많은 자기계발서를 읽었어요. 거의 모든 자기계발서는 이렇게 말하고 있더군요. "궁극적인 목표를 설정하고 그 목표를 이루기 위해 차근차근 계획을 세우고 앞으로 나아가라." 하지만 '궁극적인 목표'를 정하는 것이 굉장히 힘들었어요. 이것을 정한 사람들은 굉장히 운이 좋다고 생각했죠.

우리가 무엇을 잘하고 무엇을 좋아하는지 잘 모르는 사람이 대부분이라고 말해도 과언이 아니죠. 삶의 궁극적인 목표를 정하는 것에 고민을 이어가던 저는 만나는 사람마다 직업을 선택한 이유가 무엇인지 물어봤어요. 어느 날 한 지인으로부터 "흘러가면서 살다 보니 이 직업을 선택하게 됐어."라는 답을 들었습니다. 답을 들은 직후에 '이 사람은 한심하다.'라고 생각했어요. 집에 와서 생각해보니 꼭 그렇지만도 않더라고요. 명확한 비전과 목표가 있는 사람들은 그 지점에 도달하기 위해 체계적으로 전략을 세워 직진만 하면 되지만, 최종적인 목표를 모르는 사람은 비록 길은 돌아서 갈 수도 있지만,

열심히 달려가다 보면 언젠가는 본인만의 목표 지점에 닿을 수 있지 않을까? 라는 생각이 들었어요. 이때부터 저는 흘러가는 삶을 살자고 마음먹었네요. 하지만 이러한 삶에는 중요한 규칙이 있어요. 바로 '기회에 대한 적극적 태도'입니다. 내가 어떤 것을 잘하고 좋아하는지 모르기 때문에 미지의 기회와 다양한 경험을 통해 나의 기호(嗜好)를 적극적인 태도로 알아가야 해요.

윤성심 선배님의 이야기를 들어봅니다.

새로운 것을 배우는 것을 좋아하는 사람이 대학원에 진학하면 좋을 것이라고 생각해요. 최근에는 모든 기술이 너무 빠르게 변하고 있기 때문에 한 번 습득한 기술만을 이용하여 평생 살아가기는 어렵죠. 저 역시 딥러닝 (Deep Learning)을 이용하는 연구를 하기 위해서 강좌를 듣고 공부하고 있습니다. 저는 새롭게 배우는 것을 좋아하는 편이어서 배운 걸 제 분야에 도입하여 결과가 나올 때 큰 기쁨을 맛보곤 한답니다. 그러나 때때로 업무가 너무 바쁠 때는 체력과 정신의 한계를 느끼고 지레 지치기도 해요. 그래도 배움에 대한 성취감이 큰 사람이라면 힘듦을 극복하기 쉬울 거예요.

책임감이 강한 사람(대학 학부생 포함)이라면 대학원 생활을 잘 할 수 있을 것으로 생각합니다. 대학원 생활은 개인 연구뿐만 아니라 본인이 속한 연구실, 다른 대학 연구실들과 공동으로 과제를 진행하는 경우가 있어요.

모두 중요한 활동이랍니다. 따라서 예상되는 성과물을 도출하기 위해 공동의 노력이 필요해요. 이럴 때 각 개인이 맡은 업무를 책임감 있게 진행해야 최종 성과를 잘 도출할 수 있습니다.

토목분야에는 사회기반시설 및 국민의 안전과 관련한 연구들이 많아요. 따라서 내가 한 연구들이 실제로 구현되어 시민들의 안전에 직접적인 영향을 준다는 사실을 직시하고 책임감을 가질 필요가 있어요. 이러한 자세로 대학원에 입학하고 생활해 나간다면, 대학원 생활 중에 양질의 결과를 얻을 수 있을 것으로 생각합니다.

사기업 연구소와 정부출연 연구기관의 차이는 무엇인가요? 구체적으로 알고 싶어요.

답변 》 김혜란, 박소연, 윤성심

김혜란 선배님의 이야기를 들어봅니다.

제가 박사학위를 취득하고 취업을 준비할 때에는 정부출연연구기관 등 정부 관련 기관이 아닌 곳들은 고려하지 않는 추세였어요. 당시 선배들이 대부분 학교(교수) 아니면 정부출연연구기관으로 취직했기 때문인 것 같아요. 요즘은 박사학위 취득한 후 진로가 매우 다양해졌더군요.

정부출연연구기관과 사기업 연구소의 차이는 연구 활동의 목적이 어디에 있는지에서 드러난다고 생각해요. 정부출연연구기관은 국가가 추구하는 궁극적인 목적에 부합할 수 있도록 국가정책 입안을 위해 필요한 연구를 수행하는 것을 기본 목적으로 합니다. 어떠한 정책이 국민 행복 증진에 도움이 되는지, 어떤 부문이 정책의 사각지대인지, 어떠한 정책이 궁극적으로 국가의 발전에 더욱 보탬이 되는지 등을 다양한 관점에서 연구해요. 사기업 연구소는 사기업에서 궁극적으로 추구하는 목적에 들어맞도록 필요한 연구를 수행합니다. 사기업이 궁극적으로 추구하는 목적(이윤추구)이 국가가 추구하는 바와 관련되고 일치하는 때도 있지만, 때에 따라 불일치하거나 상반될 수도 있어요. 그러나 사기업이라고 해서 항상 눈앞의 이윤만을 추구하는 것은 아니에요. 연구소를 갖출 정도의 사기업은 규모가 크고 국가에 미치는 영향이 작지 않을 가능성도 있기에, 국가와 국민의 관점을 고려하지 않을 수 없죠. 그러니 큰 틀에서 보면 차이가 크지 않다고도 볼 수 있어요.

연봉^(年俸)에서는 차이가 난답니다. 유사한 업무를 하는 경우라면 아무래도 사기업 연구소의 연봉이 높은 경우가 많은 것 같아요. 정부출연연구기관은 공공기관이기 때문에 여러 가지로 연봉이나 직원복지에 제약이 있습니다.

박소연 선배님의 이야기를 들어봅니다.

사기업 연구소와 정부출연연구기관의 차이점을 제가 아는 지식과 경험에서 말씀드려요. 저는 연구소 취업 경험이 직접적으로 없어요. 동기 및 선후배, 지인의 경험담을 바탕으로 말씀드릴게요.

사기업 연구소는 기업의 경쟁력을 강화하고 사업의 성공을 돕기 위해 연구 및 개발 활동을 수행합니다. 이들은 상업적인 이윤을 추구하며 제품개발,

기술혁신, 시장조사 등을 통해 기업의 비즈니스 목표를 달성하기 위해 노력해요. 반면에 정부출연 연구기관은 사회적 가치 창출과 공공의 이익을 위해 연구를 수행합니다. 이들은 과학기술발전, 사회문제해결, 정책제안 등에 초점을 맞추어 국가의 과학기술 정책과 발전에 기여해요.

사기업 연구소는 기업 자체의 자금과 자원을 활용하여 연구합니다. 자체 연구 예산을 할당하고 기업 내부의 인력과 설비를 활용하죠. 반면에 정부출연 연구기관은 정부의 예산과 지원을 받아 연구를 수행합니다. 이들은 정부 정책의 지원을 받고 정부가 관리하는 연구 예산을 활용하고요.

사기업 연구소는 기업의 경쟁 우위를 위해 상용화 가능한 제품이나 기술을 개발하는 것에 중점을 둡니다. 새로운 제품 출시나 기술 혁신을 통해 시장에서의 경쟁력을 강화하려고 노력하죠. 반면에 정부출연 연구기관은 사회적 가치 창출과 문제 해결을 목표로 해요. 정책제안, 기술개발, 사회적 영향 평가 등의 결과물을 제공합니다.

사기업 연구소는 기업의 수익과 경쟁력에 직결되기 때문에 경제적으로 지속 가능한 비즈니스 모델을 유지해야 합니다. 상업적인 성공과 기업의 목표 달성을 위해 지속적인 수익을 창출하는 것이 중요해요. 반면에 정부출연 연구기관은 정부의 지원을 받고 사회적 가치 창출을 목표로 하기 때문에 수익 창출보다는 연구 성과와 사회적 영향에 더 중점을 둡니다.

윤성심 선배님의 이야기를 들어봅니다.

연구원은 연구소 혹은 연구원에 소속되어 연구를 주 업무로 하는 인력 기관으로 국책연구소, 기업연구소에서 주로 근무해요. 그중 국책연구소는 정부의 자금 지원을 받아 운영되는 연구기관으로 정부출연 연구기관이 포함됩니다. 국책연구소는 국토연구원, 한국건설기술연구원, 환경연구원 등 국가가 지원하는 예도 있고, 서울연구원, 경기연구원처럼 지방자치단체가 지원하는 경우도 있어요. 정부나 지자체의 자금을 지원받기 때문에 국가 정책 연구 규모가 상대적으로 큰 기초나 기반 기술을 주로 다룹니다. 기업 연구소는 대기업, 공사, 엔지니어링 회사 등에서 운영하는 연구기관으로 삼성경제연구원, K-water 연구원, 현대해상 교통기후환경연구소 등이 있어요. 소속 기업의 활동을 지원하는 경향이 있어 독립성, 자율성 측면에서 제약이 있을 수 있지만, 개발된 기술이 빠르게 실용화될 수 있다는 장점이 있습니다.

저는 정부의 지원을 받는 기관에서 근무하기 때문에 정부 출연기관을 중심으로 장단점을 설명해볼게요. 장점은 일정 부분 정부 자금을 지원받기 때문에 원천기술 및 기반기술에 대해 안정적으로 연구를 할 수 있어요. 또한, 실험인프라를 사기업 연구소보다 대형으로 구축하고 운영할 수 있어서 더욱 경쟁력 있는 연구가 가능합니다. 다만, 정부의 기술정책에 따라 예산분배 및 연구성과 요구가 변하는 경우가 있고, 연구자의 인건비가 정부의 제한을 받기 때문에 사기업보다 상대적으로 보수가 높지 않아요.

질문 6

질문 6
진로에 대한 명확한 비전과 목표가 없고, 길을 헤매고 있을 경우에
어떠한 방법과 노력을 통해 자신만의 진로를 찾아 나갈 수
있을까요? 진솔한 조언을 구합니다.

답변 » 김정화, 이효진, 황은아

김정화 선배님의 이야기를 들어봅니다.

'지피지기 백전불태(知彼知己 百戰不殆)'라는 말이 있습니다. "적을 알고 나를 알면 백번 싸워도 위태로움이 없다."는 뜻입니다. 진로를 결정하고 추진할 때, 이러한 태도로 처절하고 전투적으로 임해야 한다고 생각해요. 무엇보다도 먼저 '나'에 대해 그 누구보다 잘 알아야 합니다.

제가 학생들을 상담할 때 가장 먼저 물어보는 질문 두 가지가 있어요. '무엇을 가장 좋아하는지?'와 '무엇을 가장 잘하는지?'를 물어봅니다. 좋아하는 것과 잘하는 것이 겹친다면 너무나 다행스러운 일이겠지만, 예상 밖으로

자신이 무엇을 좋아하는지 모르는 친구들이 많이 있어요. 의외로 무엇을 잘할 수 있는지는 대다수 학생이 인지하고 있더군요. 좋아하는 것을 업으로 삼지 못한다면 행복과는 다소 거리가 먼 삶을 살게 될 확률이 높으므로, 먼저 내가 좋아하는 것을 찾아야 해요. 파악해야 합니다. 그리고 잘할 수 있도록 노력해야 하고요. 이어서 전공 진로 탐색을 통해 각 직업군의 역할과 장단점 등을 자세히 따져보세요. 이는 결코 단시간에 이루어지지 않아요. 학부 생활 4년간 그리고 석·박사 수료 기간에 꾸준히 자신에 대해 고찰해야 합니다. 졸업한 선배들을 통해 업계에 대한 이해도를 지속해서 높여나가야 학업의 마지막 단계에서 후회 없는 진로 선택이 가능할 거예요.

이효진 선배님의 이야기를 들어봅니다.

여러분은 어쩌다가, 왜, 하필, 토목과에 오셨나요? 혹시 어릴 때부터 "나는 훌륭한 토목전공 공학인이 되어서 전 세계에서 제일 멋있는 ○○을 만들고, 역사에 이름을 남기는 자랑스러운 한국인이 될 거야!"라고 다짐한 뒤, 그 꿈을 이루기 위해 이곳에 오셨나요? 그렇다면 정말 부러워요. 그런 확신과 다짐, 그리고 그 과정을 채워나갈 노력과 다가올 시간을 응원합니다.

저는 아니었어요. 저는 수능 점수와 배치표가 정해준 결과에 따라 토목과에 오게 되었어요. 아주 오랜 제 꿈과는 전혀 관계가 없었죠. 제 꿈이 얼마나 오래되고 간절했는지, 얼마나 큰 노력을 했는지는 전혀 고려되지 않았어요. 딱 하루의 시험이 모든 걸 결정해 주더군요. 대학교 2학년 어느 날엔가

콘크리트공학 시간에 엄청 많은 콘크리트 종류를 외우다가 벌떡 일어나서 수능시험 접수를 하러 갔던 기억이 나네요. "내가 이런 걸 외우려고 고등학교 때 그 긴 시간을 버틴 게 아냐!" 외치면서요. 결과가 궁금 하시다고요? 제가 지금 이 글을 쓰고 있는 걸 보면, 다른 길이 열리진 않았다는 걸 눈치 채셨겠죠? 하지만 한번 풀리지 않은 마음은 꽤 오래 남아 저를 괴롭혔어요. 취직 후까지 이게 내 길이 맞나? 이게 진짜 평생 해야 하는 일인가? 정말 많이 고민했습니다. 지금이라도 약학대학원을 갈까? 로스쿨엘 가야 하나? 전공 관련 대학원이라도 가야 하나? 고민은 많고 결심은 없던 날들이었죠. 그렇게 헤매다가 깨달았어요. 고민만 하다가는 아무런 답도 나오지 않는다는 것을요. 뭐든 해봐야 한다는 결론을 내린 것이 20대 후반쯤이었습니다. 지금 당장 정해진 것이 없는 상황에서 모든 걸 그만두는 건 무모한 일이었어요. 회사에서 하는 일도 더 좋아하는 마음으로 다가가보자고 마음먹었고, 회사 일과 상관없지만 제가 좋아하는 일이 무엇인지 끊임없이 찾아 헤맸습니다. 책도 많이 읽고, 강연도 찾아 듣고, 영화도 보고, 일기도 쓰면서 나 자신과의 대화에 공을 많이 들였어요. 대신 '하고 싶은 일'과 '해야 하는 일', '할 수 있는 일' 사이에서 균형을 잡으려고 애썼습니다. 지금은 제가 회사에서 이룬 일들로 인해 저 자신이 자랑스럽기도 해요. 여전히 자유인이 되기를 꿈꾸고 있기도 하고요. 여행작가라든지 인플루언서라든지 하는 다양한 일들도 함께 해나가고 있어요. 이것저것 하다 보니 새로운 목표와 즐거움이 생기네요. 그것들이 상상하지 못했던 방향으로의 인생길을 보여주고 있습니다. 새로운 성취를 하나씩 이루고 나니 과거의 불만족, 불안감 같은 것들이 많이 사라지는 것도 느꼈어요. 새 에너지가 채워졌습니다.

　사실 대한민국의 입시제도 안에서 우리는 더 어렸을 때 "그 무엇"이 되고 싶다는 꿈은 꾸지만 "어떻게?" 살아야겠다는 생각은 많이 못 해요. 그래서 대학에 들어와서 취업을 앞두게 되면 비전도 목표도 보이지 않아 길 잃은 어린양처럼 헤매기가 쉽습니다. 혹시 자신이 그런 상황이라면 지금부터라도 차분히 자기 자신과 마주 앉아야 해요. 무얼 좋아하는지? 어떤 삶을 살고 싶은지? 무엇을 두려워하는지? 제대로 알려줄 사람은 나 자신밖에 없으니까요. 그리고 다양한 시도를 해야 합니다. 김신지 작가의 '시간이 있었으면 좋겠다' 라는 책에는 이런 문장이 있어요. "어떤 시도를 실패로 호명하는 순간 우리는 실패하는 사람이 된다. 시도하는 사람이 될 수도 있었던 많은 순간에."

　제가 해오고 있는 수많은 시도가 기대했던 결과와 조금 다르더라도 실패라고 생각하지 않으려고 해요. 여러분도 그랬으면 좋겠어요. 게다가 여러분에겐 저보다 더 많은 시도를 해볼 기회와 시간이 있으니까요. 더 많이 시도하고, 스스로 방향을 찾아내길 바랍니다. 대신 너무 조급하게 생각하지 말기로 해요. 눈앞에서 손에 잡히는 단기간의 목표와 성취만을 생각한다면 우리는 또다시 길을 잃고 흔들릴 테니까요. 오늘부터라도 여러분 스스로와 마주하세요. 대화를 시작해야 합니다. 답은 누구도 아닌 내가 만들어 가야 해요. 진부한 대답일 수 있겠으나, 진솔하게 전합니다.

황은아 선배님의 이야기를 들어봅니다.

저의 경험으로 말씀드리고 싶네요. 물론 정답은 아니지만요, 같이 생각은 해볼 수 있을 것 같아요. 저는 취직이 급했어요. 그때 취업이 가능했던 곳이 계측회사였고요. 회사에 다니게 되면 노력할 수밖에 없어요. 내가 아는 내용에 한계가 있고, 늘 새로운 문제가 주어지죠. 하나의 해법이 아닌 여러 내용을 조합해야 풀 수 있는 것들이 많아요. 저도 계측을 했지만 참 다양한 응력-변위 내용에 대해 알아야 했어요. 책을 찾아보고 논문도 찾아보고, 선배들에게 물어보면서 궁금증을 해소해 나갔답니다. 실제로 일을 하면서 내가 느끼는 결핍이 나를 앞으로 나아가게 해요. 저는 흙막이, 터널, 연약지반 계측 중에 연약지반 계측이 가장 좋았어요. 압밀이론, 예측기법, 준설토 수토의 불균질에서 오는 다른 침하특성 등. 획일적이지 않은 지반의 변형들이 저를 계속 공부하게 했죠. 결국은 변형 없이 연약지반을 개량하는 개량 장비를 만들어 시공하는 업무까지 하게 되었답니다.

사실 저는 이것을 해야지, 일하기 전에 이런 자격증을 따야지 하는 치밀한 계획은 없이 살았어요. 그냥 일을 성실히 했어요. 이게 결코 좋은 방식은 아니더라도 실제 토목은 연결되어 있고 내가 아는 방법으로 해결되지 못할 것들이 너무 많아요. 이것저것 하다 보면 내 적성에 맞는 일을 찾게 될 거예요.

저는 김미경 강사를 좋아하는데요, 꿈이란 다른 곳에 있는 것이 아니고 내가 지금 애쓰고 있는 그 '일'에 있다고, 꾸준히 열심히 하다 보면 그 꿈에 가까워질 수 있다고 말해주더군요. 저도 그 말에 동감해요. 설계, 기술지원, 현장업무, 시공, 구조계산 등 접할 수 있는 부분부터 시작해 보세요. 방향이 보일 겁니다.

4

필요한 전공기술이 궁금해요

나는 준비된 사람입니다

학교에서 배우는 전공지식이 실무에서 어떻게, 어느 정도, 어디에 적용 및 응용되는지요?

답변 》 김혜란, 이효진

김혜란 선배님의 이야기를 들어봅니다.

학교에서 배우는 전공지식이 배울 당시에는 현장에서 별로 쓰이지 않으리라고 생각했지만, 실상은 달랐어요. 첨단 기술, 기법 등은 계속 개발되고 발전하고 있어서 이들에 대한 정보습득은 꾸준히 해야 하지요. 그렇지만, 학부에서 배우는 해당 분야의 기초지식은 눈에 띄진 않더라도 매우 중요하답니다. 기초지식은 해당 분야의 철학과 체계의 기반들로 이루어져 있는데요, 이것은 어떠한 문제에 봉착했을 때 그것을 해결하기 위한 문제해결 틀(Frame)을 규정하는 데에 활용되며, 함께 일하는 동료들과의 소통에도 큰 역할을 합니다.

각종 실험 및 실습을 하는 수업에도 열심히 참여해보세요. 특히 업무 분석에서 활용되는 프로그램이나 각종 툴(Tool)을 다룰 수 있는지는 요즘의 취업 시장에서 중요하게 여겨진답니다.

그리고 가능하다면 희망하는 분야의 기관에서 인턴(Intern, 실습생)으로 참가할 기회를 적극적으로 찾아보시면 좋겠어요. 이야기를 전해 듣는 것보다 직접 그 기관에서 일하게 되면 어떤 생활을 하게 될지 눈앞에서 생생하게 목격할 수 있으니까요. 그 분야가 자신에게 맞을지, 그 분야의 업무환경, 조직문화가 마음에 들지 등을 직접 가늠해볼 수 있답니다.

이효진 선배님의 이야기를 들어봅니다.

"우리 어디서 만난 적 있지 않아요?"

옛날 영화에서 많이 나오는 유치한 대사를 혹시 들어본 적 있나요? 여러분의 질문을 읽으니 저 문장이 떠오르네요. 제가 실무에서 전공지식을 만날 때 느끼는 기분이 딱 저랬거든요. 제가 학교 공부를 좀 더 열심히 했고, 전공 내용을 모두 기억하는 똑똑한 학생이었다면 더 좋은 답을 주었을지도 모르겠네요. 미리 사과합니다. 하지만 학교에서 배운 전공지식의 희미한 기억과 어색하면서도 낯익은 내용은 실무에서 여러분이 다시 태어나는 과정을 응원할 거예요. 그게 무슨 말이냐고요?

학부 졸업 후 현장에 도착했을 때 제 전공지식은 실무에 거의 도움이 되지 않았어요. 전 새(New)사람으로 다시 태어나야 했죠. 다시 배우고, 다시 익혔어요. 엑셀(Microsoft Excel)부터 시작했습니다. 내역서에는 모르는 용어가 태반이었고, 돈이 묶여있는 엑셀 파일은 어지러웠어요. SUMIF(엑셀 SUMIF; 지정한 조건을 충족하는 범위 값을 합산)와 VLOOKUP(엑셀 VLOOKUP; 범위를 수직으로 내려가면서 값을 찾음)을 제대로 쓰지 못해 오랜 시간 헤매야 했고, 500원 차이가 발생한 내역서를 밤새 뒤져서 돈을 맞춰놓는 게 저의 일이었죠. 도면을 보면서 평면에서 입체를 상상해 내는 것도 만만치 않았고, 실제 구조물의 규모는 언제나 제가 가늠한 것보다 훨씬 컸습니다. 조달청의 정보를 찾아 헤맸고, 관계 법규를 찾느라 애썼고, 어려운 말이 잔뜩 쓰여 있는 계약서를 읽고 또 읽었어요. 우체국에 가서 내용증명이라는 것을 보내는 방법도 몰랐고, 어색한 말투로 공문을 쓰는 법, 억지를 쓰는 민원인(人)을 상대하는 법도 학교에선 배운 적이 없었습니다. 우리가 대학교(학부)에서 배운 것들은 아주 기초였을 뿐, 실무는 완전히 다른 세상이었어요. 이제 막 혼자 일어서는 데 성공한 아기와 같은 성장 수준에서 입사를 했더니, 현장에서는 모두 마라톤을 달리고 있더라고요. 과연 내가 학교에서 배운 게 무엇이었는지? 쓸모가 있는지? 생각할 겨를도 없었어요. 학교에서 배운 기초들이 친절하게 나열된 것이 아니었죠. 최고의 기술들이 집약돼서 시공되고 있는 곳이 현장이었거든요. 여기에 내가 배운 내용이 있긴 한 걸까? 의구심마저 들 정도였죠.

　하루하루 눈앞이 캄캄해지다가 새하얗게 질리기를 반복하다 보니, 그제야 조금씩 우리 어디서 만난 적 있지 않으냐고 어색하게 인사하는 내용이 눈에 들어왔습니다. 현장 배치 플랜트에서 어마어마하게 쏟아 붓던 콘크리트

재료를 주문하는 배합비에서, 혼화제와 혼화재에서, 강도에서 '이건 나도 배운 건데' 하는 반가움이 불쑥 찾아오더군요. 철근 발주를 넣으면서 철근의 종류와 두께를 배웠던 것도 기억해냈어요. 그렇습니다. 그렇게 정확하게 기억할 수는 없는 내용이지만 어딘가 찾아보면 나올 거라는 희미한 희망이 여러분을 도울 거예요. 100% 다 이해하진 못했지만 저러면 안 되는데 하는 느낌을 따라 내려가 보면 대학교에서 배웠던 어떤 전공지식이 기저에 있을 겁니다. 새롭게 다시 배워야 했지만, 빠르게 배울 수 있는 이유가 바로 그 '낯익음' 덕분이었어요.

대학교에서 배우는 전공지식이 무슨 말인지 다 이해하지 못했어도 괜찮아요. 실무에 들어와서 배우다 보면 "아, 그게 이 말이었어!" 하는 순간이 올 겁니다. 처음부터 직접 설계를 하고, 구조 계산을 하고, 시공 계획을 세우면서 도면을 그릴 일은 없을 거예요. 남이 그려놓은 설계도를 이해하고, 계산서와 내역서를 잘 따라가기만 해도 성공입니다. 어떤 프로젝트에 보내지더라도 실무에 안착할 수 있도록 하는 것, 새로운 배움을 더 쉽게 해낼 수 있게 하는 것. 그게 학교에서 배운 전공지식의 역할이라고 생각해요. 물론 석사, 박사 과정을 거치면 조금은 다르겠죠? 그리고 크게 걱정하지 않아도 되는 건, 현장에는 새롭게 배우는 여러분을 응원하고 가르치는 선배가 많이 있을 거란 사실입니다. 희미한 전공지식에 대한 기억만으로도 현업에서 잘 지내고 있는 저를 보면, 여러분들도 너무 걱정 안 하셔도 될 거라고 생각되네요.

최근 토목분야에서 각광받는 기술은 무엇인가요?

답변 》 김정화

김정화 선배님의 이야기를 들어봅니다.

4차 산업혁명 시대와 함께 자율주행 기술이 주목받게 되면서, 관련 기술이 급속도로 발전하고 있어요. 자율주행차가 상용화되기 위해서는, 차량 자체의 기술 향상과 함께 C-ITS(차세대 지능형 교통시스템) 기술이 뒷받침되어야 합니다. C-ITS는 차량과 도로시설에 통신기술을 접목하여 주변 교통상황 및 위험정보를 실시간으로 제공하는 기술을 의미해요. 해당 기술을 접목한 도로를 '스마트 도로'라고 칭하고 있으며, 최근 토목 분야(특히 도로분야)에서 떠오르고 있어요. 미국자동차공학회(SAE)에서는 자율주행차의 기술 수준을 6단계 (Lv0~Lv5)로 구분하고 있는데요, Lv3부터는 특정 환경에서 운전자의 개입 없이도 자율주행이 가능하게 되며, Lv3 수준에 진입하기 위해서는 '스마트 도로'가 필요합니다. 우리나라에서는 R&D용 자율주행 운행 허가를 받아,

2018년부터 스마트 도로 실증사업을 진행 중이에요. 자율주행 차량 및 관련 서비스의 시도로 적용 가능 유무를 판단하고, 각 지자체의 도로·교통환경에 맞는 새로운 서비스 개발이 주요 목적입니다. 한국도로공사에서도 2030년을 목표로 전국의 고속도로에 V2X 통신인프라를 확대하고 있어요.

국외 사례를 살펴볼게요. 스페인의 바르셀로나의 경우 '스마트 커넥티드 시티 파킹' 사업을 진행하고 있는데요, 주차 공간에 차량 감지 센서(감지기)를 설치하고, 스마트 가로등과 연계하여 주차 공간에 대한 정보를 시민들에게 제공해줘요. 이를 통해, 주차난 완화 및 주차 시간 등이 대폭 감소했다고 합니다. 중국에서는 IT 대기업(BAT-Baidu, Alibaba, Tencent)들이 스마트 도로 구축사업에 진출하고 있어요. 스마트 교통 분야에서 시범 프로그램을 기획 중이며, 베이징·상하이 등 대도시에서는 무인운전 시스템 구축 프로그램을 구축하고 있답니다. 미국과 스웨덴에서는 주행만으로 무선 충전이 가능한 전기도로 개발을 진행 중이고요. 전기도로 건설을 통해 차량 배터리 생산 비용을 낮추고, 자원 소비율도 낮추어, 지속가능성 향상을 기대할 수 있어요. 교통공학의 궁극적인 목표는 사람들이 편리하고 쾌적하게 살 수 있는 공간과 기반을 만드는 것입니다. 시대의 변화에 따라 기존 시설에 디지털 기술을 접목하는 방식으로 기술 변화가 일어나고 있고, 앞으로 토목 분야에서도 디지털 전환과 관련된 사업 분야가 주목받을 것으로 기대하고 있어요.

질문 3
토목 현장에서 AI와 같은 스마트 기술적용 현황과 앞으로의 미래기술 접목 계획에 대한 상세한 설명을 듣고 싶어요.

답변 》 윤성심

윤성심 선배님의 이야기를 들어봅니다.

현재 건설 및 토목 분야에서 스마트 기술과 인공지능(AI) 기술의 적용이 증가하고 있어요. BIM, 빅데이터(Big data)와 인공지능, 드론(Drone), 3D 프린팅 (3D printing), 가상현실(Virtual reality; VR) 및 증강현실(Augmented reality; AR), 로봇 및 지능형 건설장비, AI를 활용한 건축물·플랜트 설계, 유지관리 및 운영 등 건설 자재의 생산부터 기획, 설계, 시공, 사후관리에 이르기까지 다양한 분야에서 활용성이 높아지고 있어요. 연구 분야에서도 딥러닝(Deep Learning) 기술의 도입은 필수가 되었습니다. 수자원 분야는 전통적으로 물리 방정식을 푸는 수치해석기반 모델을 이용하여 홍수량을 계산, 설계하고 있지만,

최근에는 LSTM(Long Short Term Memory)과 같은 딥러닝(Deep Learning) 기법을 적용하고 있거든요. 저 역시 강우예측에는 CNN(Convolutional Neural Network) 이나 GAN(Generative Adversarial Network), 수위예측에서는 멀티모달 딥러닝(Multi Modal Deep Learning) 알고리즘을 적용하는 연구를 진행해요. 또한, 디지털 트윈 테스트베스(Digital Twin Testbed System) 구축이나 AIoT 센싱(Sensing) 기술을 개발하는 연구에도 참여중입니다. 앞으로도 스마트 기술은 건설·토목 분야에 지속적으로 그리고 밀접하게 사용될 것이며, 사용되도록 정책 또한 변할 거예요. 제 경험상으로 딥러닝(Deep Learning)과 같은 스마트 기술은 해당 분야를 전공한 전문가를 능가하기 어렵습니다. 우리는 토목공학자로서 현재 기술의 문제점이나 보완이 필요한 부분을 파악하고 스마트 기술을 도입하는 방안을 마련하면 돼요. 구체적인 방법은 컴퓨터 공학자들과 협업하여 잘 구현할 수 있도록 하고요. 전문가의 발언을 이해할 수 있을 수준까지만 스마트 기술을 알아도 충분할 것으로 생각해요.

인공지능, 빅데이터 등의 기술이 토목 분야에 어떠한 영향을 미치고 있나요?

답변 》 김정화, 김형숙

김정화 선배님의 이야기를 들어봅니다.

인공지능과 빅데이터는 교통전공 외 여러 분야에 혁신적인 변화를 가져오고 있지요. 차량의 정체와 교통혼잡으로 인해 발생하는 사회적 비용이 생각보다 굉장히 많이 발생하는데요, 이를 해소하기 위해 'AI 기반 ITS 솔루션' 기술이 개발되고 있습니다. AI 기반 ITS 솔루션은 AI 영상분석을 이용해 도로 위 차량과 보행자를 검지하고 위치, 속도, 이동 방향, 시간 등의 정보를 수집하여 교차로의 통행량을 측정해 교통 신호를 알맞게 조정해요. 네덜란드 로테르담시는 교통안전을 강화하기 위해 교통 관련 인공지능과 빅데이터를 사고 예방에 적극적으로 활용하고 있어요. 수집한 데이터 내에서 패턴 및 충돌

예측 요인을 검색하는 자가 학습 알고리즘을 기반으로 하는 교통안전 모델을 개발하여 사고가 일어날 수 있는 고위험 위치를 식별하고 사전 예방조치를 선제적으로 시행해요. 교통량을 예측하여 정책적인 대응 방안을 고안하기 위해 애플의 인공지능 및 앱 기반 애플리케이션을 활용하여 빅데이터에 기반을 둔 교통량 분석을 시행하고 있지요. 애플 빅데이터 분석을 토대로, 국제교통 포럼(ITF)에서는 자가용, 자전거 이용의 확대, 대중교통 운영방식의 변화 등의 미래교통체계를 예상했어요. 이 밖에도 자율주행 시스템의 안전성 향상, 자전거 및 차량 공유 서비스에서 자원의 효율적인 배치 등 교통 관리, 자율주행 시스템, 교통안전, 교통 수요 관리까지 여러 방법으로 교통 분야에 긍정적인 영향을 미치고 있답니다.

김형숙 선배님의 이야기를 들어봅니다.

너무 좋은 질문입니다. 토목공학 분야는 아직도 건설중장비만을 연상하기 쉬운데요, 물론 자연을 상대로 하는 기술 분야이기 때문에 건설중장비 활용이 여전히 높지만, 토목공학 분야에서도 AI, 빅데이터 등 디지털 기술을 곳곳에 접목하고 있습니다. 수자원공사에서는 유역하천관리에 물리적 모델과 시각화 기술을 활용한 유역 디지털트윈(Digital Twin)을 구현했어요. 시각화 기술은 여러분이 게임에서 많이 보는 3차원 시각화 기술과 흡사해요. 드론과 AI를 활용하여 댐에 안전을 점검하고, 수도 분야에서는 정수장 디지털트윈을 활용하여 인간의 오류(휴먼오류)를 최소화해요. 물 공급의 안전도를 한층 업그레이드시켜줄 수도 있지요. 제 박사학위논문에서 이미 밝힌 바처럼 'AI 기술을 광역상수도 사고감지에 활용'하기도 한답니다. 평상시의 안정기 데이터와 사고 데이터의 패턴이 다름에 주목하여 다양한 방식의 사고감지 기술이 접목되고 있어요. 이 밖에도 에너지 최적화, 스마트워터시티(Smart Water City; SWC) 등 도시 분야에서도 스마트 없이는 도시를 논하기 어렵죠. 도시 물순환 전 과정의 디지털트윈 실현을 위해 디지털 기술이 활발하게 접목되고 있습니다. 또한, 건설현장 안전관리에도 디지털 기술이 종종 쓰이고 있는데요, VR을 이용한 안전체험, 건설종사자 안전모 IoT 기술로 안전 체크, 모션감지 CCTV 등 안전이 더욱 중요시되는 오늘날 토목 분야의 디지털 전환은 더욱 가속화될 것으로 보이네요.

기술의 발전, 사회의 변화에 영향을 주고받을 토목의 미래, 토목과(전공), 그리고 토목과 학생들의 미래는 어떨까요?

답변 ≫ 황은아

황은아 선배님의 이야기를 들어봅니다.

정보통신 기술, AI, 스마트 기술이 토목현장에도 많이 접목되고 있어요. 제가 늘 접하는 토질역학에서 전단강도식은 쿨롱의 파괴규준이 1776년에, 모아의 파괴규준은 1900년에 만들어진 것으로 급변하는 기술을 따라가기 힘들어요. 단일공정을 보면 크게 변화되는 것이 없지만, 현장관리체계는 기술을 접목하는 경우가 많아요. 흙막이의 경우 실시공에서 가시설(임시시설) 설치현황, 터파기 정도, 토사량 등 직접적으로 확인이 가능한 프로그램 개발이 잘 되어 있어요. 연약지반 개량시공에서도 수자원에서 개발한 프로그램은 장비에서 시공한 데이터가 무선통신을 통해 관리프로그램에 자료를 전송하면 위치, 심도를 즉시 알 수 있도록 하는 품질관리체계를 사용하고 있지요.

세상은 한눈에 확인할 수 있는 시공 및 품질 현황 등 스마트 기술에 익숙해지고 있고 편한 기술들을 원해요. 토목현장도 점차 그렇게 변할 것으로 생각합니다. 재해 위험률을 낮추고, 시공 효율을 높이는 스마트 공정관리. 300억 이상의 현장에서부터 소규모 공사까지 모두 적용되겠지요. 점차 토목의 자리가 없어지는 듯한 착각도 들어요. 영화에서 볼 수 있는 것들이 현실이 되어가고 있고요. 토목공학을 전공하면서 정보통신, 스마트 기술들을 알아야 할 수도 있어. 다른 학문과의 협업이 필요할 때이죠. 스마트 기술이 발달되더라도 토목에서의 근간은 토목 기초학문입니다. 기초학문 없이 기계들을 쓸 수는 없으니까요. 여러 첨단기술이 발달 중이지만, 그래서 토목의 위기로 비춰질 수도 있겠지만, 토목과의 미래는 밝다고 생각합니다. 사실, 제 아들에게도 토목과를 추천했어요. 지금 대학교 2학년에 재학 중입니다. 전망 없는 곳에 자식을 추천하지는 않아요.

스마트화가 가장 늦은 분야는 건설기계 쪽이에요. 스마트 관리가 일상화가 되면 건설장비도 바뀔 겁니다. 저희가 이번에 개발한 장비는 SCP(Sand compaction Pile)를 대체 가능한 RCP(Rotary Compaction Pile)이고요, 과거 아날로그 출력방식을 무선통신이 가능한 디지털 자료로 바꿔 스마트 품질관리가 가능하도록 구조 개선을 했어요. 현장에서는 무조건 스마트 품질관리를 원할 것이고 그러면서 세상은 발전하겠죠? 하지만 기계를 만들어야 하는 이유, 품질관리의 필요성 등은 토목공학에 근간이 있어요. 토목공학을 모르면 기계 개발의 방향을 설정하지 못하고 낙후된 기계의 개선점도 확인하지 못하죠. 세상이 정보통신, 사물인터넷, AI가 발달해도 기초가 있어야 적용이 가능한 것이니 토목은 여전히 미래가 밝습니다.

질문 6
토목(환경 포함)이 다양한 분야와 함께 협력해야 할 경우가 많은데요, 다른 분야와 협력하여 일하신 적이 있으신지요? 장단점은 무엇이었나요?

답변 》 손순금, 장근영

손순금 선배님의 이야기를 들어봅니다.

저는 학부 전공이 조경이었어요. 대학원에서는 도시계획을. 이어서 박사과정에서는 부동산학과, 최종박사학위는 도시 및 지역계획학으로 받았습니다. 외람되지만 저는 제가 LH 업무에 최적화되었다고 생각해요. LH에서 많이 수행한 업무가 사업할 대상지(후보지)에 대한 타당성 검토(해당 부지가 사업하기에 적정한지)였는데요, 일단 이 분야는 부서원 구성이 토목, 도시계획 및 경제 또는 회계, 행정 등의 전문가로 구성되요. 대부분의 물리적인 분석은 기술파트에서 담당하고, 사업성 측면은 행정파트에서 진행하지만요, 처음

대상지 견학에서부터 조사 및 분석단계까지에는 모두가 참여해서 분야별 사업 가능성을 검토하는데요, 여러 전공을 거친 저는 이해도가 다른 분들에 비해 폭넓었지요. 다양한 전공 베이스의 부서원 모두가 협력해서 하나의 사업지가 탄생하는 셈인데요, 이들 개별 분야를 연결해주는 역할까지 제가 할 수 있었으니 자체적으로 돋보일 수 있었겠지요?

다양한 분야와의 협력은 이 단계뿐만 아니라 이후 투자심의 및 사업 착수 등 모든 단계에서 이루어져요. "일은 사람 개개인이 아니라 조직이 한다."라는 말이 있죠. 단독 기술자의 아집으로는 조직에서 일할 수가 없습니다. 일례로 근자의 지구온난화에 따른 집중호우 등에 대한 대안으로 떠오르고 있는 자연 상태의 물 순환을 강조하는 저영향개발(LID; Low Impact Development) 사업의 경우, 주요 전공 분야가 토목의 수문학이지만 실제로는 환경의 생태, 조경의 식생, 도시계획 분야의 지구단위계획 등과 밀접한 관계를 맺어요. 분야 간 전문가들 사이의 견해 차이를 좁히지 못하거나 갑론을박(甲論乙駁)만 하다 보면 결론이 나지 않아 사업이 지연되는 등 부작용이 생깁니다. 분야 간 융복합이 대세인 시대적인 흐름을 보더라도 협업이 대세이니 타인과 소통하는 법도 미리 익혀두시길 바래요.

장근영 선배님의 이야기를 들어봅니다.

저는 토목공학과를 졸업했어요. 대학교생활 4년 동안 '토목'이라는 특유의 현장 업무, 특히 막노동(속된 말로 노가다)이라는 분위기를 자연스럽게 받아들여 졸업 후 '시내(Urban)'보다는 '교외(Rural)'에서의 업무를 막연히 상상했지요. 또한, 거대한 철근콘크리트 덩어리인 댐, 쭉쭉 뻗은 교각과 상판으로 구성된 산과 산 사이를 잇는 교량, 수km 규모의 반원 모양을 한 터널 등을 오로지 토목의 기술로 토목인 만이 만들 수 있을 것이라고 생각했습니다. 그러나 토목이라는 하드웨어만으로는 건설하고자 하는 목적물을 완성할 수 없다는 사실을 졸업 이후에 알게 되었어요.

댐, 교량, 터널뿐만 아니라 모든 토목 구조물에는 자동수문, 가로등, 환풍기 등과 이를 자동으로 제어하는 각종 센서가 있어야 비로소 토목시설물이 완성되는 것이더군요. 기계, 전기, 계측제어와 건축, 환경, 조경 분야 등 여러 다양한 분야와의 협력이 있어야 토목시설물은 온전한 제 기능을 수행할 수 있다는 사실을 뒤늦게 알았습니다.

토목 현장에서 중심이 되는 토목 업무는 처음부터 끝까지 다른 분야와의 매우 잦은 협업으로 진행되요. 현장 시공뿐만 아니라 설계도 마찬가지고요. 제가 담당하는 상하수도 분야는 복합공정으로 정수장, 하수처리장 설계에 참 많은 분야가 참여하게 되는데요, 우선 구조물의 기초를 검토하고 설계하는 지반부의 토질, 구조물의 안정성을 검토하는 구조, 구조물 위에 올라가는 건축물을 설계하는 건축, 처리공정에 들어가는 설비를 설계하는 기계, 전기, 운영시스템을 설계하는 계측제어 분야 등이 있고요, 이 모든 분야를 총괄해서 하수처리장(정수장) 등의 처리공정을 검토하고 물의 흐름이 제대로 되는지 확인하며, 적정 구조물 사이즈(Size, 크기) 등을 결정하는 상하수도 분야가 있어요. 이외에도 부지의 측량 및 토질조사와 같은 직접조사를 시행하는 분야, 환경성 검토, 경관성 검토, 교통성 검토 등을 시행하는 전문 분야, 부지에 대한 도시계획시설 결정 등을 위한 인허가 담당 분야도 따로 있답니다. 이처럼 하수처리장(정수장) 시설 하나가 만들어지기 위해서 여러 분야의 협업이 필요해요. 특히 이 모든 분야를 총괄하는 상하수도 분야 엔지니어는 각 분야의 전문적인 지식을 검토할 수 있는 지성, 개략적인 감각과 통찰력을 갖추고 있어야겠지요? 그래야 전반적인 검토서를 기획 및 작성하고 업무 방향을 시의적절하게 판단할 수 있을 테니까요. 특히나 기계, 전기, 계측제어 분야는 상하수도와 밀접한 관계가 있다 보니 상하수도기술사 시험 문제에도 위의 3개 분야가 포함되어 있죠(기술사 공부할 때 많이 고생했던 기억이 나네요). 참고로 상하수도 분야는 물을 다루고 있기 때문에 타 분야의 정밀한 기자재 설비까지 지식을 쌓고, 습득할 필요가 있어요. 우리 회사 핵심가치(Core Value) 중에 "주무부서는 양보하고 협조부서는 적극적으로 협력함으로써 화합을 이룬다."라는 문구가 있어요. 여러 부서가 같이 협업해서 하나의 작품이 나오다 보니 서로의 역할에 충실하지 않으면 좋은 설계 성과를 얻을 수 없어요. 이렇듯 토목 설계 또는 시공 업무는 계획 단계부터 준공까지 다양한 분야의 담당자들과 끊임없는 회의, 협의, 수정 및 보완을 거치게 되요. 토목이 중심이기 때문에 각 분야별로 제대로 진행되고 있는지 크로스체크(Cross-check)도 수시로 할 수밖에 없답니다.

　토목 업무는 각종 인허가를 받기 위한 행정절차와 이에 따른 행정업무도 많아요. 이렇게 토목구조물은 눈에 보이는 하드웨어 이면의 소프트웨어까지 구축되어야만 비로소 우리가 흔히 보고, 이용하는 토목시설물이 완성됩니다.

(건설엔지니어링 회사에서는 설계 준공, 시공 회사에서는 공사 준공) 결국, 토목 분야가 메인이 되는 사업은 대부분 다른 분야와의 협업이 불가피한데요, 그래서 재미도 있고 힘들면서 피곤하기도 하답니다.

다양한 분야의 기본적인 필요 업무까지 알아가는 것. 다른 분야 담당자가 나의 사회적 동반자가 되어 간다는 점. 이것은 매우 긍정적 측면이라고 생각해요. 우물안 개구리에서 벗어나는 계기도 되고요.

토목의 분야 역시 매우 다양하고 넓은데요, 그래도 토목인들과 토목 업무만 수행하는 것보다는 다른 분야 기술자들과 다른 분야 업무도 알아갈 수 있고 나 자신이 생각하고 바라보는 사야가 더 넓어질 수 있기에 지루하거나 힘든 일과를 충분히 달랠 수 있을 만큼의 재미도 있답니다. 이는 다른 분야와 협의가 잘 되고, 협의한 대로 업무가 무난하게 진행될 때의 상황이고요, 그 반대라면 힘들죠. 피곤한 일상이 가중되어 차라리 혼자 어디론가 멀리 떠나버리고 싶은 마음이 굴뚝같을 때도 있어요. 중요한 것은 "피할 수 없으면 즐겨라!"라는 말과 같이, 어차피 다른 분야에도 신경을 써야 할 상황에서 스스로가 재미를 느끼고 더 넓고 더 멀리 바라볼 수 있는 마음을 갖출 수 있도록 노력하는 것이라고 말하고 싶네요. 이것이 현명하고 바람직한 태도가 아닐까요?

5

선배님들의
인생이야기가
궁금해요

긴 마라톤을 완주하는 법

질문 1
토목(토목의 세부 전공 포함) 분야로 진로를 결심하시게 된
계기는 무엇인가요?

답변 》 김형숙, 장근영

김형숙 선배님의 이야기를 들어봅니다.

저는 물리나 수학을 좋아한 이과생이었어요. 공대를 염두에 두면서 나에게 가장 잘 맞는 곳이 토목공학과가 아닌가? 생각이 들었죠. 저는 학력고사 마지막 세대였기 때문에 먼저 과를 선택하고 학력고사를 봐야 했어요. 대학교 원서 접수 시 토목공학과 지원을 요망한다는 의사를 표현하니 고등학교 선생님들께서는 너무 생소한 나머지 반대를 많이 하셨지요. 그래도 아버지께서 지지를 해 주셨는데요, "우려와 달리 사실 진학하면 할 일이 많을 것이다. 네가 좋아하는 분야도 쉽게 찾을 수 있을 것이고. 그 정도로 토목의 분야는 방대하다."라고 말씀해 주셨어요. 아버지께서도 토목공학을 전공하셨거든요.

토목공학과에 입학하고 보니 역대 두 번째 여학생일 정도로 금녀(禁女)의 학문이었죠. 남학생들만 있는 문화에 바로 적응하기는 쉽지 않았습니다. 4학년 때 구직(求職)활동을 할 때는 다른 남학생들처럼 건설회사를 염두에 두기도 했는데요, 건설회사 면접을 보면서 느낄 수 있었어요. 여학생을 약간 꺼린다는 사실을요. 그래서 공기업으로의 취직을 결심하게 되었고 결국은 신의 한 수로 불리는 한국수자원공사에 입사했습니다. 이 회사는 저에게 다양한 기회를 주었어요. 건설공사 감독도 할 수 있었죠. 현재는 건설사업 단장을 하고 있고요. 저는 우리 회사에서 최초의 여성 감독이자 최초의 여성 사업단장이라는 수식어를 얻었습니다. 자연스럽게 따라다니는 제 꼬리표이기도 해요. 하지만 일할 때는 누구보다도 제 임무를 잘 해내었다고 자부합니다.

저의 과거를 되돌아보니 이 일을 하게 용기를 북돋아 주신 부모님께 다시 감사드리게 되네요. 부모님의 은혜, 잊지 않겠습니다.

장근영 선배님의 이야기를 들어봅니다.

대학교에 입학할 때는 토목공학이 무엇을 하는 곳인지도 몰랐어요. 부모님의 권유로 진학했습니다. 1학년 때는 건축과와 토목공학과가 같이 교양수업을 들었는데요, 건축은 왠지 멋있고 예술적으로 느껴졌지만, 토목공학과는 조금은 촌스러웠네요. 정교하고 우아함과는 동떨어져 있다고 생각했습니다.

입학 후 교수님들과 선배님들이 반복해서 말씀해 주셨던 것이 있어요. 토목공학은 스케일이 크다는 것 그리고 사회기반시설을 건설하는 꼭 필요한 학문이라는 점을 많이 그리고 자주 강조해 주셨습니다. 2학년 때 전공수업을 듣기 시작하면서, 토목의 방대한 분야와 우리의 생활과의 밀접성, 새로운 문명을 창조한다는 뿌듯함에 매료되었고, 스케일에 비해 정밀하고 공학적으로도 우수한 '토목공학'의 매력을 뒤늦게 깨닫게 되었죠.

토목의 세부 전문 분야인 '상하수도'로 진로를 결정한 계기를 잠깐 말씀 드릴게요. 저는 27년 차 엔지니어인데요, 제가 졸업한 1997년 당시의 분위기는 도로공사, 토지공사, 한국수자원공사 등 공사, 공무원, 시공사 등이 학생들이 선호하는 직장이었고, 제일 인기가 없던 쪽이 건설엔지니어링사 였어요. 저는 공무원이나 공사 같은 조직이 저의 성향과 맞지 않을 것 같다는 생각에 시선을 바로 돌려버렸죠. 시공사는 지방 순환근무를 해야 한다는 부담감 때문에 엔지니어링사로 가야겠다는 막연한 생각을 하게 되었습니다. 토목공학과에서 전공을 공부하다 보면 토목은 구조나 토질이라는 생각을 자연스럽게 하게 되는데요, 우연히 대학교 4학년 때 들었던 상하수도공학 수업이 저의 평생 진로가 되었어요. 상하수도공학 수업에서 조별 과제가 있었어요. 그 당시에 한참 조성 중이던 인천광역시 송도신도시 상하수도 관로를 계획하고 프로그램을 통해 관망 수리 계산을 하여 관경 등을 결정하는 것이었는데요, 너무 재미있더라고요. 그래서 이런 일을 하고 싶다는 생각을 처음으로 하게 되었습니다. 토목 분야에서 항상 멋지게 보이지만 어렵게만 느껴지던 구조나 토질이 아니라 원래도 성적이 좋았던 수리학 분야를 활용할 수 있는 상하수도 분야가 내가 하고 싶은 일이 된 순간이었죠. 그리고 취업 준비 시 상하수도 분야가 유명한 건설엔지니어링사를 우선적으로 찾았어요.

그 당시에도 지금도 최고인 ㈜도화엔지니어링에 지원, 입사하게 되었답니다 (나중에 안 일이지만요, 제가 그렇게 수업 시간에 재미있게 계획하고 즐겁게 했었던 일이 상하수도부에서 하는 일이 아니라 도시단지부에서 하는 일이었 더라고요. 물론 상하수도 분야를 선택한 것에 대한 후회는 없습니다).

진로를 결정한다는 것은 내가 오랜 시간 할 일을 결정하는 것입니다. 때문에 내가 좋아하는 분야, 내 성향에 맞는, 내가 할 수 있는 일을 선택해야 해요. 토목의 다양한 분야에 관한 관심을 두고 어떤 일을 하는지 찾아서 보는 것도 한 가지 방법이 될 수 있어요. 저도 학창 시절에는 토목공학과를 졸업해서 상하수도를 전공할 것이라고 전혀 생각하지 못했네요. 우연히 필연적인 이끌림으로 나만의 세부 전공과 운명의 순간을 맞이하게 된 것이죠.

특별히 관심 있는 분야가 없다면, 내가 재미있게 들은 수업과 연관지어 생각해보세요. 새로운 분야에 선구자로서 개척하는 모습도 좋지만, 토목을 전공한 여성엔지니어가 더 많이 진출해서 자리 잡은 분야를 공략해 보는 것도 좋고요. 앞서간 선배들의 노하우를 얻어서 조금은 수월하게 적응할 수 있을 테니까요. 세상이 많이 변했지만, 우리 회사만 보더라도 순수 토목 분야인 구조부, 토질부, 항만부, 도로공항부, 철도부보다는 사업을 총괄하는 주관부서의 성격을 가진 상하수도부, 수자원부에 더 많은 여성엔지니어가 활동하고 있어요. 그만큼 조금은 덜 거칠고. 나를 공감해 줄 수 있는 여성 동료가 많은 점. 그리고 오늘날 그리고 미래 시대에는 여성의 장점인 화합과 배려 능력이 사업을 주관하고 총괄하는 데 장점과 강점으로 작용할 가능성이 높다는 점 또한 생각해보세요.

대학원의 다양한 분야 중에서 특정 전공을 결정하실 때 어떤 기준으로 선택을 하셨는지요?

답변 》 김혜란

김혜란 선배님의 이야기를 들어봅니다.

대학원 전공선택에 있어서 어느 한 가지 기준만으로 판단하고 결정하는 사람은 없을 거예요. 자신의 인생 전체가 걸린 문제라고 생각할 수도 있으니까요. 질문하신 물질적 보상, 사회적 안정, 개인의 성취, 사회적 기여 등을 모두 고려하세요. 그러나 가장 근본적인 것은 "내가 좋아하는 것이 무엇인가?"에서 시작해야 한다고 생각합니다. 대학교 학부 수업에서 어떤 과목의 수업이 재미있었는가? 어느 과목의 담당 교수가 존경스러웠는가? 어떤 과목의 성적이 좋았는가? 등으로 판단하게 되는 것 같아요. 진정으로 내가 좋아하는 것에 대한 탐색보다는 말이죠. 이런 꼬리의 꼬리를 무는 질문들이 사고의 시발점과 발전 과정이 됩니다.

제가 다녔던 대학교에서는 도시공학과, 토목공학과, 자원공학과가 합쳐진 대형 학부제로 운영되었어요. 이 때문에 선택할 수 있는 전공의 폭도 매우 넓었습니다. 그중에서 제 나름의 몇 가지 기준을 세워 필터링을 반복하면서 선택 대상을 좁혀나갔어요. 첫 번째는, '싫은 것을 제외하는 것'이었죠. 저는 물리·역학적 해석을 바탕으로 수행해야 하는 분야를 어려워했어요. 그러다 보니 재미가 없었고요. 사회문제에 관심이 있는 공학도였죠. 두 번째는, '시험공부 하는 것이 지루하지 않았던 과목들'을 추렸어요. 사실 전공의 범위가 워낙 넓다 보니 아예 선택하지 않았던 전공과목들도 이미 많았죠. 세 번째로는 '내가 잘할 수 있는 분야'를 찾았어요. 물리학적 해석은 어려웠지만, 수학적 해석은 재미있었어요. 도시계획 분야를 선망했지만, 수학적 모델링(Modeling)과는 거리가 먼 분야임을 알게 되었지요. 나 자신이 문과적, 철학적 소양이 부족하다고 생각했기 때문에 제외했습니다. 마지막으로는 '해당 연구실들을 찾아가 직접 상담'해보며 연구실 생활, 진로, 교수님 등에 대한 정보를 얻어서 종합적으로 판단했어요.

질문 3
토목분야 연구자로서의 삶은 어떠한가요?
하루의 일과도 궁금합니다.

답변 》 김연주

김연주 선배님의 이야기를 들어봅니다.

대학교 교수로서 주요 업무는 '교육, 연구, 봉사'로 구분할 수 있어요. 우선 교육 부분은 학부와 대학원 수업을 일컫습니다. 학교마다 다르지만, 연세대학교는 매 학기 3학점짜리 2과목 수업을 필수적으로 가르쳐야 해요. 예를 들면, 2023-2학기에 저는 학부 과목으로 수문학, 대학원 과목으로는 수자원시스템과 인공지능을 개설했어요. 다음으로 연구입니다. 저는 수문 및 생태기후 연구실에서 석사 및 박사과정 대학원생들, 박사후연구원들과 함께 여러 관련 연구를 진행해요. 연구를 위해 국가 연구개발 R&D 과제 등을 수주해야 하고요. 마지막으로 봉사가 있어요. 학과 혹은 학교 내의 여러 행정 부서 관련 일을 합니다. 저는 2021~2022년에 학과 학부 주임 교수로 학부생들 관련 업무를 수행했어요.

저는 매일 '교육, 연구, 봉사' 관련 일을 하면서 보냅니다. 학기 중에는 교육 관련 업무가 많고 방학 중에는 연구 관련 업무가 대부분이지만, 일반화하긴 어려워요. 그때그때 상황에 따라 교육과 연구와 봉사 업무 사이에서 균형을 맞춘 삶을 살고 있답니다.

답변 》 김형숙, 김혜란, 장근영, 정경자, 황은아

김형숙 선배님의 이야기를 들어봅니다.

토목일을 하면서 자부심 없는 사람? 없을 듯합니다. 자연을 상대로 하고 댐 건설을 해서 자연재해로부터 예방하고 가뭄에 대비하여 물을 저축하고, 제방을 쌓아서 범람으로부터 국민의 재산과 생명을 지키는, 광역상수도 건설을 해서 산업과 도시를 발전시키고, 모두가 안심하고 먹을 수 있는 맑은 물을 공급하는 일. 얼마나 멋진가요?

과장 시절에, 광역상수도 사업 중 한강 남단에서 북단으로 물을 공급하기 위해 한강 강바닥터널 공사감독 업무를 수행했어요. 직경 3.8m의 터널을 굴착(掘鑿)하고 그 안에 직경 2.6m의 관로를 삽입하는 업무였죠. 발진기지, 도달기지 인허가부터 통수까지 제 손으로 일궈 냈습니다. 건설사, 하도급사와의 많은 협업과 노력이 있었지만, 여자는 터널에 들어가지도 못한다는 속설이 있던 시절, 공사감독을 직접 해서 안전하게 통수까지 이뤄 냈다는 것만으로도 엄청난 자부심을 느낄 만했지요. 또 광역상수도 운영센터에서 근무하면서 펌프의 on/off, 밸브 운영 등의 의사결정도 해 보았답니다. 광역상수도 안정성 강화를 위한 노후관 개량도 해봤고요. 거대 건설사업분만 아니라 국가 인프라(Infrastructure)의 안정성까지도 강화할 수 있는 것도 토목 사업의 매력이 아닐까요?

김혜란 선배님의 이야기를 들어봅니다.

토목 분야에서 느낄 수 있는 자부심은 내가 계획하고, 설계한 것이 한참의 시간이 지나 여러 사람의 노력을 수반하여 결국에는 실현되어 내 눈앞에서 확인할 수 있으며, 그것으로 인해 여러 사람의 생활이 편리해지고 궁극적으로는 이 사회에 보탬이 되는 것을 확인할 수 있다는 부분에 있어요. 저와 같이 공공분야의 일을 하든 그렇지 않든 마찬가지일 것으로 생각해요. 아파트 건설에 관여한 사람이라면, 그 아파트가 완공되어 그곳에서 사람들이 행복하게 살아가는 모습을 보면서 기쁨을 느끼겠죠?

공공분야 연구에 종사하는 사람으로서 느낄 수 있는 자부심은 "지금의 내가 미래의 내가 살아갈 곳을 더 살기 좋은 곳으로 만들어가고 있다."라는 확신이 들 때라고 말할 수 있어요.

'연구'라는 일은 누군가의 필요에 따라 제시된 문제점을 해결해주는 때도 있지만, 스스로 연구 주제를 제안할 수도 있어요. 만약 내가 그 주제를 제안하지 않았다면 문제가 있다는 것을 사람들이 알아차리지도 못했을 텐데, 내가 세심하게 해당 문제점을 찾아냈고 그래서 그 해결방법도 지혜롭게 제시할 수 있게 되었을 때 느끼는 자부심은 말로 표현하기 어려울 정도로 매우 크답니다.

장근영 선배님의 이야기를 들어봅니다.

토목엔지니어는 평생을 공부해야 하는 사람들입니다. 우리 회사의 핵심 가치(Core Value)에는 "우리는 인류의 삶의 질을 높이는 일에 헌신한다."라는 문구가 있어요. 제가 좋아하는 문구입니다. 토목은 전 국민의 일일생활권이 가능할 수 있도록 고속도로, 철도를 그물망처럼 확장하여 구축하고, 공항과 항만도 건설하여 국내외 경제와 무역뿐 아니라 관광의 거점 역할을 할 수 있도록 사회기반시설을 만드는 멋진 분야죠.

저는 ㈜도화엔지니어링 물산업부문에 임원으로 재직 중입니다. 대학생 때 생각했던 토목 분야의 사회적 역할과는 다소 차이는 있지만, 사람의 생명과 직결된 상수도 생산·공급과 하수를 수집·처리함으로써 쾌적한 환경을 보전하는 일을 27년째 해오고 있어요.

토목의 세부 전문 분야인 상하수도 분야를 간단히 소개해볼까 해요.

선진국 진입을 위한 경제 발전용으로 사회기반시설 구축이 선행되었는데요, 토목 분야는 도로, 철도, 항만, 공항 시스템 구축에 앞장서 왔어요. 어느 정도 사회적 발전이 있으면 그다음에는 삶의 질을 높이고, 환경을 보전하는 일에 전념하게 됩니다. 바로 이 부분을 담당하는 토목공학에 상하수도공학이 포함되요. 인류는 물이 있는 곳에 삶의 터전을 두고 문명을 발전시켜 왔어요. 물은 곧 생명이기 때문이지요. 사회 규모가 커지고 경제가 발전하면서 사람들은 더욱더 깨끗한 물을 요구해 왔습니다. 쾌적한 환경과 건강을 추구하다 보니 도시하천, 강, 바다가 오염되는 것을 막고자 하수, 폐수의 무단 배출을 제재하게 되었고요. 그래서 정수처리시설, 상수관로 시설과 하수처리시설, 하수관로시설을 구축하고 기술을 발전시켰죠. 현재도 노후화된 상하수도시설을 현대화하고 고도화하는 사업이 진행 중이에요. 상하수도 분야의 업무는 경제 발전을 위한 사회기반시설 구축에 이바지할 뿐만 아니라 인류의 삶의 질을 높이고, 쾌적하고 깨끗한 환경을 보전하는 데에도 큰 역할을 해왔답니다.

토목 분야 내에서 공무직, 학계, 업계 등 다양한 진로와 각각의 세부 전문 분야에서 일해오신 토목인들도 다양한 이유로 자부심을 느끼시겠지만, 저는 상하수도 전문기술인으로서 생명과 환경을 유지하고 보전하는 목표를 달성하고 있다는 이유로 사명감과 자부심을 동시에 느끼고 있답니다.

정경자 선배님의 이야기를 들어봅니다.

제 소개 글에서 밝힌 바와 같이 저는 토목공학과와 늦게 인연을 맺었어요. 화가의 그림, 조각가의 조각상, 작곡가의 악보 등을 신의 창조물에 빗대어 그

위대함을 칭송하기도 하는데요, 토목공학은 크고 아름다우며 심지어 인간의 생존과 직결된 것들을 만들어 내는 분야지요. 이 또한 칭송받아 마땅해요. 인간이 생활하면서 만들어 낸 유·무형의 것들을 문명(文明)이라고 칭하죠. 저는 통영-대전간고속국도에 국내 최초로 무조인트교량(교량의 신축이음 장치를 없앤 'integral bridge')을 시범적으로 적용하면서 "토목공학이 문명이다."라는 명제를 실제로 느꼈답니다.

1997년부터 당시 동아건설 연구소와 협동연구로 시작한 '무조인트교량 실용화 연구'를 통해 교량의 기획, 설계, 조사, 시험, 시공이라는 건설의 모든 단계를 경험할 수 있었어요. 모닥불에 의지하며 밤을 새워 현장시험을 진행했던 기억이 나네요. 거더와 교대를 일체화시키는 콘크리트 타설 중에 하도급업체가 파업을 선언하여 가슴 졸였던 사건도 있었죠. 지금도 그 교량을 지날 때마다 남모를 뿌듯함을 느낀답니다.

황은아 선배님의 이야기를 들어봅니다.

자기가 몸담았던 현장이 실제로 사용할 수 있는 시설이 될 때 토목인 으로서 자부심을 느낄 것이라고 생각해요. 저는 바다를 매립한 공유수면 연약지반 일을 많이 했어요. 그 단지가 산업단지가 되고, 주택단지가 되어 사람이 북적거리고 부동산 가치가 오를 때 자부심이 느껴지죠. 무용담처럼 얘기해요. 여긴 바다였고 공사할 때 변형이 커서 진짜 고생했는데, 그곳이 이렇게 멋진 도로가 되었네! 이런 식이죠. 제 회사 바로 옆에 이순신대교가 있어요. 현수교로 지금은 여수국가산단의 진입도로 역할을 톡톡히 해내고 있습니다. 물론 제가 건설한 것은 아니지만요. 전망대에 가면 그곳에서 일했던 사람들의 이름이 빼곡히 적혀 있고, 그 옆에는 주 케이블이 어떻게 형성되었는지 알려주는 모형도 설치되어 있어요. 앵커리지를 만들었을 때 힘들었는데, 우물통 기초칠 때 힘들었는지, 점검하러 갈 때 270m 주탑 올라가는데 다리가 어찌나 떨리던지. 이런 현장에서 경험했던 사실들을 얘기하면서 미소지을 거예요. 1시간 거리를 10분으로 단축해준 현수교에 일정 부분 몸담았다는 사실에 기쁠테고요. 자부심이 저절로 느껴지겠죠?

저는 주로 단지를 만들었기 때문에 산업단지를 다닐 때마다 자부심을 느껴요. 이 단지 내가 만들었잖아~ 이렇게요.

토목분야에서 일하는 것의 장점과 단점은 무엇일까요?

답변 》 박소연

박소연 선배님의 이야기를 들어봅니다.

토목분야에서 일하는 것의 장점과 단점을 말로 표현하는 것이 어렵네요. 개인적으로 생각하는 장점과 단점에 대해 말씀드리면 다음과 같습니다.

토목업계에 종사하면 할수록 토목의 자부심을 느낄 수 있어요. 사회기반시설 개발사업에 일익을 하고 있다는 자부심은 직접 경험해보시면 아실 거예요. 토목분야는 도로, 다리, 터널, 항만 등과 같은 국가의 큰 규모 시설물의 설계, 건설 및 유지관리 및 보수에 관여해요. 나의 조그마한? 노력이 국민들과 국가를 위해 기여하고 있구나! 하는 기쁨도 일상생활 속에서 심심치 않게 느끼실 수 있답니다.

다양한 프로젝트에 참여하여 능력과 기술을 뽐낼 수 있는데요, 새로운 분야에 도전하며, 전문성을 확장시키고 다양한 경험을 쌓을 수도 있어요.

저는 현재 지구환경보호에도 역할을 하고 있답니다. 후손에게 물려줄 아름답고 건강하며 안전한 국토를 만드는데 일조하고 있어요.

토목일은 업무가 간단하지 않으며, 실내업무와 현장업무가 병행해서 돌아가는 점이 어렵습니다. 토목분야에서의 업무는 복잡하고 기술적인 요구사항이 많아요. 프로젝트의 성공은 안전과 품질에 크게 의존하기 때문에 책임감과 압박감이 크다는 단점이 있을 수 있습니다. 최근에는 건설현장 실명제가 되어 자신의 과오가 그대로 드러나게 되었죠. 더욱 열성적으로 일하지 않으면 안되는 구조랍니다.

토목분야에서의 일은 종종 야외에서 이루어져요. 현장 작업이 힘든 이유입니다. 날씨, 작업 환경 등에 따라 체력적인 요구사항이 높아지고 힘든 점이 우발적으로 발생할 수 있어요.

사회의 변화에 민감해야 합니다. 토목분야는 경쟁이 치열하며 기술과 동향이 빠르게 변해요. 이에 따라 계속해서 업데이트된 지식과 기술을 습득해야 합니다.

토목분야에는 다양한 장점과 단점이 공존하지만 지극히 개인적인 의견 이었으니 참고만 하세요. 자신의 관심에 맞는 분야를 선택하고, 업계의 변화를 주시하며, 지속적인 자기계발을 통해 여러 도전에 당차게 대응할 수 있기를 응원합니다.

커리어를 쌓다 보면 힘들고 지칠 때가 있는데요, 이를 극복하기 위한 선배님들만의 방법은 무엇인가요?

답변 » 김정화, 손순금, 이효진, 장근영

김정화 선배님의 이야기를 들어봅니다.

체력이 정신을 지배한다고 생각해요. 힘들고 지쳐서 그만두고 싶었던 적이 너무나 많았지만, 단 한 가지를 꼽으라면 아마 둘째 출산 직후였던 것 같습니다. 일본 유학 시절에 아이 둘을 육아하며 커리어(Career, 경력)를 이어나가기가 체력적으로 힘이 들었고 자연스레 정신력도 약해졌죠. 나약해지고 포기하고픈 마음으로 가득했어요. 당시의 저를 극복한 극약 처방전이 있었는데요, 바로 '조깅'이었습니다. 새벽 시간과 저녁 시간을 가리지 않고 틈만 나면 20분씩 집 앞 운동장에 나가서 빨리 걷기와 뛰기를 반복했어요. 한국 라디오를 같이 들으면서요. 그전까지는 일본어 실력을 유지하고 발전시키고자 일본 미디어만 접하겠다는 강박적인 사고에 갇혀 살았는데요, 뛸 때만큼은 휴대전화 앱을 통해 한국 라디오를 듣고 마음을 다잡는 시간을 가졌습니다.

기대했던 것보다 큰 효과가 있었어요. 하루의 20분이라는 짧을 시간을 통해 제 삶의 모습이 완전히 달라지는 것을 느낄 수 있었거든요. 그래서 저만의 역경 극복방법은 '운동'이라고 말할 수 있겠네요. 20분 만이라도 온전히 본인의 신체에 집중하고 몸과 마음을 단련하는 시간을 갖는다면 많은 도움이 될 거예요. 건강한 신체에 건강한 정신이 깃든 답니다.

손순금 선배님의 이야기를 들어봅니다.

우선은 내가 하는 일이 재미있어야 하고 보람차야 해요. 일이 재미있으려면 내가 아는 내용이면 좋겠죠. 비전(Vision, 전망)이 보여야 하며, 그 일의 결과물이 회사나 사회(지역)에 이바지해야 합니다. 사실 커리어(Career, 경력)는 나의 의지보다는 성과물(일의 결과, 실적)이 쌓아 주는 것입니다만, 그러는 과정에서 제일 힘든 것은 역시 사람(인간) 관계예요. "쉬이 변하기 힘든 게 머리가 다 큰 사람이다."라는 옛말처럼 20여 년 이상 나름의 고유 환경을 가진 사람들이 그것도 여러 연령대로 구성된 회사라는 공간에 함께 모여 일을 하다 보니 모든 게 조화롭지 못해요. 그래서 하루의 1/3 이상의 시간을 위선의 웃음과 대화, 거짓된 표정으로 보내게 되기도 하지요. 모두가 내 마음

같지 않아요. 그런데 엄격히 보면 이런 조직을 내가 선택한 것이었고 내가 계속 이어나가야만 한다면 여러분은 어떻게 하시겠어요?

일단 스위치를 잘 돌려야 합니다. 본인의 위치와 상황에 맞게 빨리빨리 자세 전환을 할 줄 알아야 해요. 다소 기회주의자 같아 보이지만 이것만이 최선입니다.

너무 자신을 다 드러내지 말아야 해요. 모두가 위선과 거짓을 품고 있는 것은 아니지만 지금 내 앞에서의 웃음이 다가 아니라는 명백한 진실을 이해하셔야 합니다.

마지막으로 가능한 자신만의 자기 관리 방법을 가져야 해요. 예를 들어 몸이 힘들거나 맘이 지칠 때 자신을 스스로 치유하는 방법이 있어야 합니다. 저는 1일 1시간 요가 및 스트레칭으로 몸을 관리해요. 화가 북받칠 때는 복식호흡을 10여 차례 합니다. 천천히 그리고 깊게 숨을 들이마시고 내쉽니다.

이효진 선배님의 이야기를 들어봅니다.

먼저 제 커리어를 한번 볼까요? 대한민국 최대(最大) 현수교(懸垂橋) 이순신 대교 현장 공무, 해외 영업팀 소속 브루나이 최대 사장교(斜張橋)인 템부롱 대교(Temburong Bridge) CC2, CC3 수주, 세계 최대 현수교 터키 차나칼레 대교(Çanakkale Bridge) 입찰팀으로 출격해서 수주 성공, 차나칼레 대교 현장 공무, 현재 대기업 경영진단팀 소속. 15년의 시공사 생활을 돌아보니 3개의 나라에서 제일 긴 교량 3개가 보이네요. 그중에서 하나는 아직은 세계에서 가장 긴(Long-span Bridge) 현수교이기도 하고요. 시공사 생활에서 이 정도 경력이라면 어디 내놔도 부끄럽지 않겠다는 생각이 들어 뿌듯합니다. 하지만 이 과정이 절대로 순탄하지만은 않았어요.

취업 직후, 하고 싶은 것도 참 많았던 20대의 절반은 가족, 친구, 연인과 떨어져 지방 교량 현장에서 보냈습니다. 30대에는 해외 출장과 해외현장 생활로 혼자 더 먼 곳에서 지내야 하는 시간도 길어졌죠. 마음이 무너질 때도 혼자 버텨야 하는 경우가 많았어요. 소중한 사람들이 행복하거나 아플 때 핸드폰 화면으로만 함께할 때면 이게 행복한 삶이 맞는지 고민했어요. 일이 잘 안 되면 안 되는 대로 스트레스를 받았고, 잘 되면 더 큰 성과를 가져와야 하는 압박감에 부담스러웠습니다. 회사 사람들과 인간관계가 꼬여서 더 이상 풀 수 없는 지경이 되는 때도 있었죠. 회사에서는 인정받지만 가까운 사람들과는 멀어지기도 했고, 커리어(경력)는 쌓이지만 정작 제 마음은 점점 더 말라버려서 바닥을 드러내기도 했어요.

그 시간을 채우려고 저는 제가 좋아하는 것들을 하기 시작했어요. 더 열심히 읽고 싶은 책들을 읽었고, 시간을 쪼개서 좋아하는 가수의 콘서트에 갔어요. 해보고 싶던 운동을 배웠고, 온라인으로 외국어 수업을 들었죠. 오직 나만을 위한 성취가 있는 이벤트를 만들어서 스스로 뿌듯해하고 행복한 마음을 만들어 주려고 노력했는데요, 그중 가장 큰 것은 '여행'입니다. 일 년에 최소 한 번은 부모님을 모시고 해외로 여행을 갔어요. 그 경비는 제가

다 냈고, 계획도 제가 직접 세웠습니다. 돈을 버는 시간도 행복했고, 계획을 세우는 시간도 설레었어요. 함께 여행하는 시간을 빼곡하게 남겼습니다. 사진을 찍고, 글을 썼어요. 그 시간이 쌓여서 어느 순간부터는 회사에서 쌓은 직장인 커리어와 별개로 '이효진'이라는 사람의 경력이 쌓였죠. 여행에세이를 출간하면서부터 '여행 작가'라는 타이틀을 얻었어요. 내친김에 자기계발 에세이도 출간했고요. 그리고 나니 고맙게도 불러주시는 곳들이 생겨서 가끔은 강연을 하러 다니기도 합니다. 인플루언서로 여행에 초대되기도 해요. 좋아하는 것을 하는 것만으로도 새로운 길이 열리는 경험은 또 다른 에너지를 얻는 큰 원천임을 알았어요. 회사에서 쌓은 커리어와 회사 밖의 내가 쌓은 커리어가 어느 순간에는 서로를 도와주고 이끄는 순간들을 보기도 하고요.

결국, 힘들고 지칠 땐 내가 좋아하는 것을 찾아서 해주는 것이 제일 좋은 해결책이에요. 평생 내가 데리고 살 나를 잘 알아봐 주는 것이 제일 중요하다고 생각합니다.

장근영 선배님의 이야기를 들어봅니다.

커리어(경력)를 쌓는다는 말은 무슨 뜻일까요? 어느 한 사회조직 안에서 나 자신이 맡은 일에 대한 업무적인 지식, 경험, 기술을 축적하고, 일당백이라는 말처럼 혼자서도 많은 부분을 담당할 능력을 갖추는 것을 의미하겠지요? 더 큰 의미로는 나 자신의 사회적·상업적 가치를 끌어올리는 것이고요.

일반 기업에서는 사원으로 시작해서 대리, 과장, 차장, 부장, 또 임원까지의 진급 체계를 갖추고 있어요. 각 직급별로 세분화하여 처리해야 할 업무와 역할이 주어집니다. 처음에는 단순하고 쉬운 일을 하다가 점점 더 복잡하고 어려운 일을 하게 되고, 어느 순간부터는 정확하고 신속한 판단과 결정을 해야 할 때가 와요. 이러한 사회시스템 속에서 나 자신의 경력을 쌓게 되는 것이지요. 이 과정에서 혹독한 노력과 상황별 감수가 동반되어 정신적으로 피폐해지고 육체적으로 피곤해져 우울증이나 대인기피증 같은 각종 현대병이 올 수 있어요. 건강을 잃게 되기도 합니다. 에너지 고갈 상태인 번아웃 증후군, 가족이나 친구보다 직장 일을 더 중시하는 과잉적응 증후군, 직장 생활이 왠지 항상 불안하고 두려워 불안 때문에 더 일 중독자가 되는 슈퍼직장인 증후군, 극심한 피로 상태인 만성피로 증후군 등에 걸리기도 하고요(저는 위의 4가지를 모두 겪어 봤습니다).

따라서 정신적·육체적 건강을 유지하기 위해 적절한 운동을 하고, 취미 생활을 하는 것이 매우 필요하다고 생각해요. 저는 멘탈 관리를 위해 꾸준히 독서를 하면서 마음을 놓치지 않기 위해 노력합니다. 체력 관리를 위한 운동도 게을리하지 않아요. 이렇게 하면 일도 더 잘할 수 있게 된답니다.

건강을 유지하기 위한 일반적인 조언 이외에 조금 다른 측면을 이야기해 볼까요? 저는 대부분 남자들이 종사하고 있는 '토목' 업계에서 더 잘할 수 있는 여성엔지니어의 모습을 종종 그려봤어요. 상상했죠. 그 모습을요. 그리고 먼저 길을 걸어가는 선배 여성엔지니어로서 나의 행동이 나의 후배들의 앞길을 막아서는 안 된다는 책임감도 느꼈어요. 회사 내에서는 치열한 업무 경쟁에 밀려나지 않기 위해 자신의 가치를 높이겠다는 각오도 했고요. 즉, 경력을 쌓으면서 힘들고 지칠 때 주저하거나 포기하지 않는 방법으로 '건강관리', '멘탈관리', 그리고 '동기부여'를 항상 마음속에 품어왔습니다.

모든 과정이 쉽지 않아요. 힘이 들 거예요. 이 힘듦을 어떤 방법으로 헤쳐 나가야 하는지 정답은 없지만, 적절한 운동이나 취미생활로 몸과 마음을 건강하게 지키고, 나 자신만의 '동기'를 정하여 정진하면 어렵고 힘들 때마다 금방 제 자리로 돌아올 수 있을 것입니다.

'균형'과 '동료'. 이 두가지 키워드도 기억하세요. 저는 치열한 경쟁 속에서 지내다 보니 내가 얼마나 지쳐있었는지도 모르고 지냈던 적이 있어요. 임원이 되고 나서 번아웃 증후군이 찾아왔어요. 모든 것에 무기력했던 시간이 잠깐 있었습니다. 그때 우연히 읽게 된 글이 '코카콜라 신년사'였어요. "인생을 공중에서 5개 공을 돌리는 저글링이라 상상해 봅시다. 각각의 공을 일, 가족, 건강, 친구, 영혼(나)이라고 이름을 붙이고 공중에서 돌리고 있다고 생각해 봅시다. 머지않아 당신은 일이라는 공은 고무공이어서 바닥에 떨어뜨려도 다시 튀어 오른다는 사실을 알게 됩니다. 그러나 다른 4개의 공은 유리로 만든 거라는 사실도 알게 될 겁니다. 4개 중 하나라도 떨어뜨리게 되면 공들은 닳고, 상처 입고, 긁히고, 깨져서 이전처럼 되돌릴 수 없게 됩니다. 당신은 이 사실을 깨닫고 인생에서 이 5개의 공이 균형을 가질 수 있도록 노력해야 합니다."라는 글이었어요.

이 글을 읽고 제가 무슨 생각을 했을까요? 떨어뜨려도 튀어 오르는 고무로 만들어진 공인 '일'에 너무 집중해서 유리로 만들어진 나머지 4개의 공인

'가족, 건강, 친구, 영혼(나)'를 놓치고 산 건 아니었나? 생각했어요. 각자의 신념에 따라 인생의 중요도를 어디에 놓아야 할지 고민할텐데요, 5개 공의 균형을 어떻게 맞춰야 할지에 대한 고민도 필요할 것 같아요.

사회초년생 시절부터 어느 정도 커리어가 쌓이며 안정되기까지 힘든 순간순간을 넘길 수 있었던 건 나를 가장 잘 이해해 주는 여성엔지니어들이 함께 있어서였다고 생각해요. 그들과 대화하며 내가 이상한 사람이 아니구나를 끊임없이 재확인할 수 있었어요. 가끔은 문제를 해결하는 것이 아닌 그냥 대화하며 스스로가 풀리는 마법같은 경험도 했지요. 힘들 때 공감해주고 지지해주는 동료(여성 선후배 또는 남성 선후배)가 곁에 있다는 것은 축복이에요,

질문 7
일과 가정의 양립과 관련하여 해줄 수 있는 조언은
무엇인지요?

답변 » 김형숙, 김혜란, 황은아

김형숙 선배님의 이야기를 들어봅니다.

가화만사성(家和萬事成). 모든 일은 가정에서부터 이루어진다는 말이지요. 예부터 가정의 화목은 사회생활의 근본으로 중시되었어요. 명심보감(明心寶鑑)에 "자식이 효도하면 양친이 즐거워하고, 가정이 화목하면 만사가 이루어진다." 라고 했습니다. 또 수신제가치국평천하(修身齊家治國平天下)라는 말도 있는데요, 일단 자신과 가정이 똑바로 서야 밖에서도 나랏일을 잘 할 수 있다는 의미라고 생각해요. 옛날에도 이렇게 가정이 중시되었는데 요즘은 더 중요하지 않을까요? 다만 여성 직장인은 임신과 육아를 하면서 어쩔 수 없는 불편과 부당함에 자주 마주하기도 합니다. 또 가사(家事)는 여자의 일이라는 인식이 없어지기 시작한 지도 얼마 되지 않았지요. 저는 여성 선배로서 후배들이 그러한 차별이나 인식에서 벗어나길 바라면서 직장생활을 했어요. 제가 가는 길이 후배님들에게 좋은 길을 닦아주는 기회가 되기를 소망했고요. 다행히 요즘은 육아휴직이나 임신과 육아에 대해 사회적으로 권장하는 분위기가 조성되었다고 봅니다. 회사에 나와서 열심히 일하는 것도 직장에 충성하는 것이지만 출산과 육아 또한 나라에 충성하고 사회 발전에 이바지하는 것으로 생각해요. 남성 직원들도 요즘은 육아휴직을 많이 하는 추세입니다. 저는 남성 직원이 육아휴직 후 육아의 애로를 많이 느끼고 더욱 성숙해지는 경우를 많이 봤습니다. 여하튼 출산과 육아는 지난(至難)한 과정이며, 일하는 엄마는 아이에게 항상 미안한 마음을 갖는 것도 사실입니다.

"일과 가정의 양립을 위해 애쓰고 있는 이 나라 모든 여성 직장인들이여, 힘내자! 일하는 여성들이여, 당당 하라!" 외치고 싶네요.

김혜란 선배님의 이야기를 들어봅니다.

일과 가정의 완벽한(온전한) 양립, 과연 가능할까요? 만약 양가 어르신의 아낌없는 지원을 바탕으로 한다면 가능할지도 모르겠네요. 저는 일과 가정 각각의 양보와 절충으로 일과 가정이 양립할 수 있다고 생각해요. 물론 육아휴직 제도의 활용도 큰 역할을 했죠.

누구에게나 주어지는 '시간'이라는 자원은 하루 24시간뿐이므로 이것을 어떻게 활용하느냐가 관건이에요. 제가 지키려고 하는 가장 큰 원칙은 '일은 회사에서만, 가정일은 집에서만'입니다. 아이가 어렸을 때는 맡은 일도 욕심도 모두 많았기에 업무시간을 마치고도 일거리를 잔뜩 싸 들고 퇴근하곤 했어요. 그렇지만 다들 아시죠? 그렇게 들고 간 일은 다 처리하지도 못하고 다시 싸 들고 다음 날 아침에 출근하게 된다는 것을요? 그래서 회사 일은 회사에서 모두 마치고, 퇴근 후에는 생각하지 않겠다는 원칙을 세웠어요. 또한, 가정의 일을 회사로 끌고 들어가지도 않았죠. 각각의 시간에 최대한 집중해서 효율적으로 업무와 가정의 일을 하는 것으로 마음을 다잡았어요. 가사(家事)를 남녀(남편과 아내)가 함께하는 것이라고 인식하는 남자의 사고 방식과 행동도 큰 몫을 합니다. 가정일에서 남편과 역할 분담을 슬기롭게 설정하시면 큰 도움이 될 거예요.

황은아 선배님의 이야기를 들어봅니다.

일과 가정의 양립을 위해서는 혼자의 힘만으로는 절대 불가능해요. 사회적인 제도가 뒷받침되어야 한다고 생각해요. 제가 일할 때만 해도 일과 가정의 양립은 생각도 하지 못했어요. 여성이 성공하려면 다른 여성의 힘이 절대적으로 필요하다고 합니다. 저 역시 친정엄마의 힘으로 여기까지 올 수 있었어요. 운이 좋은 경우죠. 젊은 친정엄마가 계셨고, 흔쾌히 아들을 돌봐 주신다고 했으니까요. 저는 아들 걱정 없이 야근을 했고, 출장을 갈 수 있었어요. 빨리 자리를 잡을 수 있었던 것도 일과 가정 중 일 하나만 생각할 수 있었기 때문이라고 생각해요. 직장생활하면서 아이 양육에도 똑같은 에너지를 쏟을 순 없어요. 무조건 제도적인 뒷받침이 필요하죠. 일과 가정의 양립에서 개인의 노력은 희생분이에요. 대기업과 공기업에서는 실행하고 있는 일이긴 한데요, 일하는 시간 조절, 자유로운 출퇴근 시간, 국가의 급여지원만으로도 일과 가정의 양립이 가능하다고 생각합니다. 아이를 위해 출근 시간을 늦추고, 근무시간을 조절하여 퇴근 시간을 앞당기고, 근무 시간은 많이 줄어들지만 업무 집중도가 높아져서 효율이 높아지는 것 같더라고요. 우리가 가지고 있던 직업의 인식 변화가 필요하죠. 회사에만 이런 책임을 지우면 회사는 당연히 여자보다는 남자를 우선해서 채용하게 될 것이고, 여자는 육아 담당이 되어 경력단절을 걱정하면서도 아이 양육에 힘쓰게 될 것 같아요. 그래서 제도적 뒷받침이 꼭 필요하다고 말하는 것입니다. 현재도 일부 진행하고는 있지만, 고용보험에서 더 적극적인 지원이 필요해요. 능력있는 여성들이 경력단절 없이 꾸준히 일할 수 있는 세상이 되길 바랍니다. 채용에 있어서도 양육이 여성에게 불리하게 작용하면 안 된다고 생각해요. 너무 정치적 발언이었나요? 제도적으로 기대할 수 없다면, 좋은 회사를 택해야죠. 위에서 나열한 것들을 자연스럽게 할 수 있는. 저는 회사 상황에 맞게 일과 가정의 양립을 지원할 방법들을 직원들과 지속해서 고민해 볼 거예요. 조그마한 변화들이 세상을 변화시킬 것으로 믿어요.

질문 8
전공 외적인 분야에서 추가적으로 발전시키면 좋은 것은 무엇인가요?

답변 》 윤성심, 정경자

윤성심 선배님의 이야기를 들어봅니다.

전공 외적인 분야에서 발전시키면 좋을 것? '외국어 능력'과 '프로그래밍 능력'이라고 생각해요. 기본적으로 '영어'는 꼭 공부하세요. 저는 학부, 석사, 박사를 모두 한국의 대학교에서 공부했어요. 연구하는 과정에서는 읽고 쓰는 영어 능력을 기를 수는 있었지만, 이를 말로 표현하는 것에는 어려움을 겪을 수밖에 없었지요. 저의 연구 결과를 국제학회나 회의를 통해 영어로 발표할 때가 많은데요, 더 많이 설명하지 못하는 것에 항상 아쉬움을 느끼고 있습니다. 그래서 아직도 영어회화 공부를 하고 있어요. 또한, 최근 건설회사 뿐만 아니라, 설계회사에서도 ODA(Official development assistance,

정부개발원조, 공적개발원조) 사업이나 국제협력사업 등에 참여하고 있어서 외국어 능력의 중요성은 점점 높아지고 있어요. 두 번째로 발전시키면 좋은 능력은 '프로그래밍'입니다. 물론 프로그래머 수준이 될 필요는 없어요. 최근 chat GPT가 주목받으면서 노코딩(No coding) 추세라고 하지만요 이와는 별개로 본인의 업무에 최신의 기술을 도입하기 위해서는 이를 응용하는 능력이 필요해요. 어느 프로그래밍 언어든 상관없이 하나의 컴퓨터 언어를 기본 수준 이상으로 습득하고 있으면 상대적으로 쉽게 활용할 수 있어요. 당연히 전공 공부를 하는 것만으로도 매우 힘드시겠지만요. 시간을 조금씩 배분해서 배우시면 좋겠습니다.

정경자 선배님의 이야기를 들어봅니다.

1975년 시즌 중반 뉴욕메츠가 꼴찌를 달리고 있을 때 시즌이 끝났냐는 기자의 질문에 요기 감독이 "끝날 때까지 끝난 게 아니다(Lawrence Peter 'Yogi' Berra(1925-2015), "It ain't over till it's over")"라고 답했고, 팀은 월드시리즈에 진출했죠. 끝날 때까지 끝나는 게 아닌 건 맞지만 상황을 역전시킬 수 있었던 것은 무엇이었을까? 궁금해집니다. 저는 3개의 '근력' 이라고 생각해요.

질문에서 전공 외적인 분야에서라고 전제하였기에 전공에 대한 깊은 내공의 축적을 의미하는 첫 번째의 根力(근력)은 굳이 이야기하지 않겠습니다.

두 번째의 筋力(근력)은 운동하여 단련하는 근육의 힘, 다른 하나는 일을 능히 감당해 내는 힘, 두 가지를 모두 일컬어요. 몸과 정신은 따로 가지 않습니다. 흔히들 인생을 마라톤에 비유해요. 마라톤의 최종 승자는 결승선을 통과한 사람입니다. 무엇이 자신에게 가장 잘 맞는 운동인지를 찾으세요. 그리고 일부러라도 시간을 할애해서 운동하시기를 권합니다.

세 번째는 勤力(근력)입니다. 인생은 짧기도 하고 길기도 하죠. 뜻하지 않은 큰 변화에 휘말릴 수도 있고요. 오늘이 어제와 다를 바가 없다고 여길 수도 있습니다. 자본시장의 가장 큰 머슴은 '시간'이라고 해요. 그건 어디에나 통하는 이야기 같아요. 시간을 머슴으로 부리시기 바랍니다. 꾸준히 가다 보면 어느새 목표한 곳에 도달해 있을 것입니다.

질문 9
업무와 자기개발 사이에서 시간 배분은 어떻게 하시는지요?

답변 》 김정화, 김형숙, 이효진

김정화 선배님의 이야기를 들어봅니다.

자기개발(계발 포함)보다는 일과 가정에서의 시간 배분에 대해 말씀 드리고 싶어요. 아주 간단하게 배분하며 살고 있어요. 시간 단위보다는 요일 단위입니다. 주중에는 일, 주말에는 가정에 온 시간을 쏟아요. 자기계발은 '일'에 포함된다고 생각해요. 운동과 어학, 빠르게 변해가는 전공지식에 대한 공부 모두 업무(일)의 범위에 포함 시켰어요. 이것과 관련된 모든 것들은 주중에 마무리하려고 합니다. 부작용이 없냐고요? 주중에 일이 끝나는 시간이 매우 늦어진다거나, 일의 대중이 없다는 부분이 단점이죠. 그런데도 이러한 패턴을 유지하는 이유는 주말에 온전히 가족에게 시간을 쏟을 때 제가 느껴지는 만족감 때문이랍니다. 안도감에 가까울 수도 있지만, '양보다는 질'이라는 가치관으로 가족들에게 온전한 진심을 공유할 수 있도록 노력해요.

저는 사랑하는 가족과 함께하는 주말에 큰 행복감을 느껴요. 가족과의 대화와 관심을 주말에 몰아서 하므로 절대적으로 부족하고 서툰 부분이 많다고 생각해요. 하지만 워킹맘으로써의 삶을 유지하기 위해서 요일 배분의 법칙을 고수하고 있습니다. 어느 하나 쉬운 일은 없고 완벽할 수도 없다는 마음가짐으로, 또 모두에게 통용될 수 있는 정답은 없는 문제이기 때문에, 여러분만의 가치관에 가장 적합한 시간 배분법을 찾아 시도해보시길 바래요.

김형숙 선배님의 이야기를 들어봅니다.

저는 회사에 취업 후 회사생활을 하면서 석사와 박사 학위를 취득했고, 딸 한 명을 건실하게 키워서 대학까지 졸업시켰어요. 이제 막 취업을 한 사회인이기도 합니다. 어떻게 보면 회사 다니면서 자신과 가정의 발전을 모두 다 이루었다고도 말할 수 있겠네요. 운이 좋았지요. 물론 노력도 했고요.

또 골프, 탁구, 수영, 댄스 등 직장생활 중에 여러 스포츠도 배웠답니다. 요즘 저의 생활은 새벽 5시 반에 기상해서 6시부터 7시까지 수영, 7시 반부터 9시까지 탁구를 하고 업무에 들어가요. 물론 한참 아이를 키우던 과장, 차장 시절에는 주어진 일만 하기에도 바빴어요. 그 와중에도 시간이 날 때마다 혹은 시간을 내서라도 뭐라도 한 가지씩 새로운 것을 시도하긴 했네요. 뭐든 하다 보면 학문으로나 스포츠로나 성장하는 나 자신을 만날 수 있었어요. 저희 직원들이 저에게 말해요. "단장님은 뭐든지 잘하는 스포츠맨이세요."라고요. 저는 항상 얘기합니다. "나 수영 배운 지 2년도 안 됐어. 너는 나보다 10년,

20년 젊잖아. 지금부터 하면 내 나이에는 나보다 훨씬 잘할 거야." 맞는 말이지요?

자기계발은 시작이 반이에요. 언제부터라는 시간의 시작점을 정하지 말고 그냥 하세요. 그리고 남과 비교하지 마시고요. 어제보다 나은 나 자신을 경험하시고 행복을 느껴보세요. 제가 어느 책에서 본 글귀인데 너무 공감돼서 공유합니다. 한번 곱씹어 보세요.

> "예술, 훈련, 기술습득 등 어떠한 활동을 할 때마다 할 수 있는 끝까지 밀어붙여서 예전에 형성한 한계를 뛰어넘도록 하고, 거기에 또 무모할 만큼 극단적으로 밀어붙여라. 그러면 마법의 영역으로 들어간다. (톰 호빈스, 작가)"

매일 노력하다 보면 마법이 일어납니다. 일도 자기계발도요.

이효진 선배님의 이야기를 들어봅니다.

저는 퇴근 이후의 시간을 잘 쓰려고 의식적으로 노력해요. 되도록 책을 많이 읽으려고 합니다. 다양한 분야의 책을 골고루 읽어야 한다는 생각은 늘 가지고 있어요. 욕심만큼 많이 읽지는 못하지만, 그래도 늘 마음 한쪽에는 책 읽기를 두고 있습니다. 요즘은 동네마다 작은 도서관들이 정말 잘 되어 있어요. 틈날 때마다 들러서 신간을 둘러보고, 책을 빌려옵니다(대학교

도서관이 얼마나 고마운 존재인지 아시나요?). 또 전자도서관을 애용해요. 전자책(e-book)보다는 종이책(paper book)을 선호하지만, 출·퇴근 길에는 전자책이 여러모로 편리해요. 핸드폰으로는 전자책을 읽는 것보다 듣기 기능을 활용하는 편이에요. 핸드폰 화면을 많이 보니 갈수록 시력이 떨어지기도 하고, 페이지를 넘기다가 자꾸 인터넷 창을 켜게 되더라고요. 그래서 귀로 책을 들으면서 핸드폰은 가방에 넣어둡니다. 이렇게 출퇴근 시간에만 듣는데도 독서량이 꽤 되더라고요. 자기 전에는 종이책을 잠시 읽다가 잘 수 있도록 침대맡에 책 몇 권과 스탠드를 두었어요.

배우고 싶은 외국어는 온라인 강의를 활용해요. 직접 학원에 가서 대면 수업을 받는 게 좀 더 효과적이라고 생각하지만, 회사에 다니면 시간이나 장소의 한계가 있어요. 그래서 온라인 강의로 힘을 좀 빼고 하는 편입니다. 새로 뭘 더 열심히 배워서 일취월장(日就月將)의 결과를 만들겠다기보다 좋아하는 언어에서 멀어지지 않겠다 정도에요. 가랑비에 옷 젖는다는 생각으로 스트레스를 받지 않으면서 하는 게 핵심이죠.

일부러 안 하려고 애쓰는 것도 있어요. 바로 유튜브와 인스타그램 릴스 보지 않기입니다. 기가 막히게 저를 간파하는 알고리즘에 한 번 빠져들면 한두 시간이 사라지는 건 정말 순식간이거든요. 그렇게 멍하게 영상을 보다가 시간이 훌쩍 지난 걸 깨달으면 짜증이 밀려오더라고요. 스스로가 한심해지고요. 시간도 버리고 마음도 안 좋아진다면 그보다 나쁜 게 있을까요? 그렇게 나쁜 시간을 최소화하는 것, 이것도 자기개발에서 정말 중요한 점이에요.

제가 요즘 제일 관심을 두는 자기개발은 바로 '운동'이에요. 체력이 실력이라는 말이 괜한 말이 아니라는 걸 요즘 부쩍 실감합니다. 건강할 때 운동하라는 선배들의 말씀을 한창 젊었을 땐 저도 잘 이해하지 못했으니, 여러분도 지금 이 이야기를 읽어도 큰 감흥은 없을 거예요. 회사에 와서 하루 종일 앉아있다 보면 허리부터 약해집니다. 운동량이 급격히 줄어드니까 체력은 약해지고요, 근육이 줄어들면서 온몸 구석구석 통증이 많아져요. 어릴 때는 살을 빼고 싶어서 미용 목적으로 하던 운동을 이제는 "살아야 한다!"라는 결의를 가지고 해요. 목적이 완전히 달라졌죠. 일주일에 한 번 PT를 받고, 시간이 날 때면 귀찮아하는 몸을 "잘 살고 싶으면 일어나!"라고 일으켜 세워 헬스장으로 (끌고) 갑니다. 몸이 아프면 하고 싶은 걸 잘할 수 없어요. 좋아하는 여행도 제대로 할 수 없고, 하고 싶은 스포츠도 제대로 할 수 없습니다. 취미생활은 고사하고 세수조차 하기 힘들고 머리 감기도 어렵다면 어떻게 행복할 수 있겠어요?

회사에 들어와서 얼마 되지 않았을 때는 업무와 자기개발은 별개의 영역에 있는 줄 알았어요. 하지만 10년 넘게 직장생활을 하고 보니 이 두 가지 영역은 긴밀하게 얽혀있네요. 업무라고만 생각했던 시간에 배우는 것들은 결국 제 재산이 되어서 돌아옵니다. 퇴근 후 자기개발로 쌓아온 것들이 업무에 쓰이면서 제 역량을 더 크게 해주고요. 그러니 회사에서 하는 건 업무고, 그 외 시간에 하는 것이 자기개발이라고 꼭 구분 지어 생각하지 않았으면 해요.

모든 시간을 의미 있게 쓰는 것, 시간을 들여서 하는 모든 것에 마음을 다하는 것은 어떻게든 나를 성장하게 합니다.

질문 10
학회 혹은 협회 등의 활동을 경험하시면서 새롭게 느끼신 점이 있으신지요? 토목분야에 대한 생각의 변천 과정이 궁금합니다.

답변 》 손순금

손순금 선배님의 이야기를 들어봅니다.

회사 생활을 하면서 누구보다도 학(협)회 활동을 적극적으로 했습니다. 그 이유는 새로운 트렌드 파악과 조류를 익히는 데 큰 도움이 되었기 때문이에요. 관련 업무를 수행하는 데는 학(협)회 회원분들과의 네트웍(인적교류)이 매우 중요했어요. 예를 들어 중앙도시계획위원회의 위원분들이 대부분 학(협)회 활동을 함께하는 교수님들이셨고, 사업 관련 심의위원분들 또한 학(협)회의 전문가분들 이셨습니다. 그러니 더욱더 학(협)회 활동을 활발히 할 수밖에 없었죠. 회원분들과의 관계망이 나날이 돈독해졌어요. 학(협)회 활동을 통해 최신 트렌드를 가장 빨리 명확하게 전달받을 수 있었고요. 전문가분들이 대내·외적으로 왕성하게 활동하시면서 발표하는 논문과 해외 동향 정보 등을 함께 공유해 주셔서 매우 유익했어요. 조직(회사)에서는 앞서 나가는 사람이 돋보일 수밖에 없습니다. 그러니 항상 남보다 앞서서 새로운 용어나 학문을 내 것으로 만드는 부지런함을 장착하세요.

전공 분야에 대한 생각의 변화는 무궁무진합니다. 어떤 때는 별것 아닌 것 같지만 때로는 내가 이 세상을 바꿀 수도 있겠다는 아이디어로 밤을 지새 우게도 되죠. 즉 자기 전공 분야는 본인이 얼마나 알고 있고 이를 어떻게 활용하는가가 관건입니다.

대부분의 학문(분야)은 단기간(50~100년 이내)에 평가되거나 그 변화가 혁신적으로 드러나지 않아요. 특히 토목은 길게 봐야 합니다. 조급하게 힘빼지 마시고, 긴 호흡으로 착실하게 준비하면 밝은 미래가 열리겠지요?

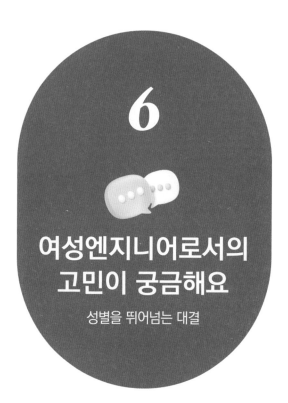

6

여성엔지니어로서의
고민이 궁금해요

성별을 뛰어넘는 대결

여성이기에 건설환경분야에서 가질 수 있는 기회와 장점은 무엇인가요?

답변 》 윤성심

윤성심 선배님의 이야기를 들어봅니다.

연구 분야에 몸담고 있는 저는 여성으로서의 단점보다 장점을 많이 느끼고 있어요. 토목 분야에서 여성의 비율이 매우 낮지만, 상대적으로 연구 분야에서의 비율은 그에 비해 크게 적지 않다고 생각해. 우리 연구원의 여성 연구자 비율은 14% 정도로 예전에 제가 학부 다닐 때 여학우 비율이 10% 미만이었던 것에 비하면 체감적으로 많다는 생각이 들었어요. 제가 근무하고 있는 정부출연연구소에는 여성과학기술인 우대정책이 존재해요. 서류와 세미나 전형에서 가점을 주고 신규채용을 진행합니다. 물론 가점으로 채용이 유리하다고는 말할 수 없을지 몰라요. 그래도 좋은 기회?라고 생각해요.

토목건설환경 관련 정부 사업의 의사결정이나 평가를 위한 정부 위원회가 많이 있는데요, 이 경우에도 여성위원의 비율이 40%가 되어야 하므로 본인이 전문성을 보유하고 있다면 중요한 의사결정 과정에서 의견을 피력할 기회를 상대적으로 쉽게 얻을 수 있어요. 저는 국가수자원관리위원회나 지자체 수자원관리위원회, 재해영향평가 심의위원회에서 활동할 기회를 얻었죠. 정부, 지자체의 사업을 이해하고 배우면서 저만의 전문성을 발휘하고 있답니다.

질문 2
고용 과정에서 성별로 인한 차별이 있나요?

답변 》 장근영

장근영 선배님의 이야기를 들어봅니다.

제가 취업을 준비하던 시기는 토목공학과에 여학생이 거의 없었어요. 전체 인원의 10%가 안 되던 시기였죠. 최근에는 학과명도 토목공학과로 사용하는 학교가 드물고 건설환경공학과, 건축사회 환경공학부, 사회기반시스템공학과 등으로 토목공학과라는 인식을 거의 할 수 없는 학과명들이 등장했어요. 그 이후부터는 정원의 30% 이상이 여학생이라는 이야기를 들었습니다.

저는 여학생 수가 거의 없던 시기에 학교를 졸업했어요. 그때도 지금과 마찬가지로 공무원이나 공기업은 시험성적으로 지원하게 되니 남녀에 대한 차별이 사기업보다는 적었다고 생각되요(물론 한때 군 제대 가산점이 있었죠). 건설사(시공사)는 아무래도 여학생이 입사하기가 엔지니어링사보다는 더 힘들었던 것으로 기억해요. 지방 현장 순환 근무에 대한 부담과 나는 현장

근무를 잘 할 수 있지만, 회사에서도 그렇게 생각해줄까에 대한 의문으로 아예 건설사에 가겠다는 생각을 처음부터 하지 않았고 바로 엔지니어링사에 지원하게 되었죠. 여러 회사에 합격했는데요, 도화엔지니어링에 입사했습니다. 이곳으로 결정한 결정적인 이유는 "여성에 대한 차별이 없다."는 점 때문이었어요. 제가 취업하던 시기는 남녀평등이 조금은 어려웠어요. 급여체계 호봉도 군 가산점으로 차등이 있었고요. 호봉을 낮게 시작하니 당연히 남자 동기들보다 진급도 늦어졌지요. 근데 우리 회사는 그 당시(1997년)에도 같은 호봉과 같은 진급 연차를 적용했어요. 처음 입사했을 때 선배들로부터 많이 들었던 말이 "너는 여자가 아니라 기술자다. 어차피 남자랑 똑같은 호봉에 진급에 대한 차별도 없으니 일도 똑같이 해야 한다."였네요. 그 당시에는 너무 힘드니까 그런 말들이 서운하게 느껴졌어요. 세월이 지나고 보니 그렇게 차별 없이 지내왔던 시간 덕분에 이렇게 오랜 시간 엔지니어의 길을 걷고 있는 것 같습니다.

엔지니어링사 업무의 90% 이상이 '정부 기관이 발주처'에요. 최근에는 발주처 주무 감독관들도 여성이 많아졌어요. 제가 건설사 현황은 잘 모르지만, 엔지니어링사는 여성엔지니어의 비중이 계속해서 증대되고 있는 것으로 알고 있는데요, 우리 회사만 해도 해마다 여성엔지니어가 늘고 있어요. 여성들이 대학교 성적이 우수하다 보니 취업을 위한 입사 지원 시에도 상당수가 상위권에 있어요. 꼼꼼한 성격, 똑 부러지는 말투 등 여성들의 특징들로 인해 면접에서도 우수한 결과를 이끌어 냅니다. 요새 기업들은 기본적으로 남녀에 대한 차별 없이 동등한 기회를 주어 조금이라도 우수한 인력을 확보하고자 노력해요.

이번 에세이를 준비하며 회사의 여성엔지니어 인원을 다시 한번 확인해 보았어요. 제가 2013년쯤 수자원학회 멘토링 발표 때문에 확인했을 때 전체 인원 2,000명 대비 60명(3%)의 여성엔지니어가 근무 중이었는데요, 이번에 확인하니 전체 인원 2,600명 대비 117명(4.5%)이 있네요. 획기적인 숫자의 변화는 아니지만, 꾸준히 증가하고 있다는 것이 희망적이죠. 직급별로 보면 사원, 대리급의 젊은 엔지니어가 120명 중 70명으로 60%에요. 저희 부서만 보더라도 예전에는 3~4명이던 여성엔지니어가 지금은 24명이나 근무하고 있고 신입사원이 오면 40% 정도는 여성엔지니어랍니다. '내가 여자라서 입사 시험에서 기회도 안 주는 게 아닐까?' 하는 생각은 접어두셔도 됩니다. 세상이 많이 변했어요. 다만 입사 후에 스스로를 가두는 유리천장 (Glass Ceiling)은 깰 수 있으면 좋겠습니다. 여성 스스로가 한계를 정해서 멈춰버리는 행동들 말이에요. 엔지니어는 남녀에 대한 구분이 없습니다. 여성이 아닌 당당한 엔지니어로서 한몫을 해내길 바랍니다.

질문 3
직장 내 남/여 비율과, 성비가 맞지 않는 경우 발생했던 문제,
이를 극복하기 위해 진행되고 있는 프로그램이나
해결 방법이 있나요?

답변 》 김형숙, 손순금

김형숙 선배님의 이야기를 들어봅니다.

한국수자원공사 내 현재 남녀 직원의 비율은 7:3 정도 되지 않을까 싶어요. 그러나 토목직은 제가 과장일 때 여성 직원의 숫자가 열 손가락 이하였고 위의 질문에서 언급한 바와 같이 승진할 때 여자만 따로 놓고 생각하는 문화도 있었어요. 소위 "여자의 적은 여자!"라는 고정관념을 남자가 만들지 않았을까? 생각이 들기도 했죠. 하지만 여자들은 대체로 잘 해냈고 퍼포먼스(Performance)도 좋았습니다.

이제 여성 직원들은 따로 취급받지 않아도 될 만큼 수가 많아졌어요.

그리고 고위직에 여성의 숫자를 채우기 위해 오히려 남자보다 일찍 승진시키는 역차별 현상이 일어나기도 합니다. 정부에서 여성 간부 비율을 매우 중요시 생각하고 있기도 하고요. 5급 공채 채용 시 남녀 각각 40%가 안 되면 모자란 쪽에 가산점을 주는 제도도 존재합니다. 요즘 주목받는 ESG 경영에서도 G에 해당하는 Governance에서 성비(性比)는 매우 중요해요. 이는 전 세계적인 사회현상으로 우리 여성 후배들이 직장생활을 할 때는 성비로 인한 걱정은 안 해도 될 것 같네요. 하지만 건설현장은 아직도 매우 열악해요. 여러분과 같은 적극적이고 유능한 여성들이 더욱 많이 진출해서 굳이 성비를 논하지 않는 시기가 오면 참 좋겠습니다.

손순금 선배님의 이야기를 들어봅니다.

외향적인 성격 덕분에 대학교 1학년 때부터 동경하던 동아리 활동(탈춤 및 여성 권리회복단체인 민우회)을 시작해서인지 남성 위주의 학과에서 쉽게 적응할 수 있었어요. 사실 어떤 면에서는 여성이어서 불리했지만요. 본인 하기 나름이더라고요. 절대로 먼저 스스로가 여성이어서 힘들 거라는 생각을 가지면 절대로 안돼요. 여성이어서 더 유리할 때도 많다는 사실도 직시하셔야 합니다. 가끔 저에게 따라오던 홍일점(紅一點)이라는 대표명사로 인해 거부감도 들었지만요, 때로는 아주 유용했어요. 예를 들어 본인에게 조금만이라도 돋보이는 능력이나 성과가 있다면, 승진대상자 중 유일하게 여성이어서 더 빛을 발할 수도 있어요. 저는 ㈜대우, 대학원을 거쳐 LH에 입사했기 때문에 입사 동기들보다 시작점이 2~3년 늦었어요. 그러나 결국엔 여성이어서 더 빨리 승진할 수 있었답니다.

회사에 여성 멘토가 있으면 더 좋을 것 같아요. 선배가 후배에게 조금은 더 실질적인 방법을 제시해 줄 수 있을 테니까요. 하지만 반드시 인지하셔야 할 것이 있어요. 예상외로 여러분들이 뛰어날수록 여러분들의 적은 남성이 아닌 여성이 될 경우가 많다는 사실입니다. 저도 인정하기 싫었지만, 여성의 시기심은 남다르거든요. 그래서 항상 경계 아닌 경계와 더불어 지나치게 본인을 드높이지 마세요.

공무원사회와 마찬가지로 저희 LH에도 우수한 여성들이 많이 입사해 점점 더 여성 비율이 높아지는 추세랍니다. 요즘은 역차별 문제 제기가 발생하는 상황이기도 하답니다.

건설환경분야의 현장은 위험하고 집약적인 육체노동이 필요하다는 이유로 여성의 존재를 불편하게 여길 때가 많은데요, 현장 개입 및 작업에 있어 좌절을 느끼신 적이 있으신지요? 이를 어떤 방식으로 해결했는지 알고 싶어요.

답변 》 이효진, 황은아

이효진 선배님의 이야기를 들어봅니다.

"우리 땐 여자가 굴 파는 데 들어오면 부정을 탄다고 발도 못 들이게 했어."

입사 후 신입사원 교육기간 중에 신분당선 연장선 시공현장에 견학을 갔어요. 터널 안에서 저를 본 작업자 한 분이 저 들으라는 듯 꽤 큰소리로 저렇게 말씀하셨죠. "지금 시대가 어느 때인데요!" 하고 버럭 소리치려는 마음도 들었지만, 신입사원이니 입 꾹 다물고 그냥 못 들은 척하고 말았어요.

지금은 아주 많이 나아졌지만, 여전히 시공 현장에는 남녀 직원에 대한 차별이 존재합니다. 여성엔지니어들은 공사 현장보다는 사무실에서 일하는 포지션을 맡는 경우가 많아요. 그래서 역차별이라는 이야기가 나오기도 하죠. 바라는 일이었든 아니었든 차별의 대상자가 되는 것은 마음이 편하지만은 않아요. 하지만 아직은 어쩔 수 없다고 인정해야 해요. 정말 많이 바뀌어 가고 있지만 아직 여성엔지니어들에게 쉽지만은 않은 곳이 현장이네요. 같은 일을 시키려고 해도 남자 직원들과 비교하면 상대적으로 제약이 많은 곳이기도 하고요.

현장에서 집약적인 육체노동이 이유가 되어서 여성의 존재를 불편해하는 경우는 많지 않아요. 말 그대로 '집약적인 육체노동'은 작업자(인부)들이 하고 직원들은 관리감독자의 역할을 하니까요. 직접 철근을 나르고 조립하고 콘크리트를 타설하는 일은 없어요. 그 일을 관리합니다. 이 정도는 성별에 관계없이 엔지니어라면 충분히 할 수 있는 일이에요. 문제는 많은 여성이 이런 일을 직접 해보기도 전에 기피한다는 점입니다. 토목 분야의 특성이 이렇다는 것을 알고 취업 원서를 직접 냈고, 근로 계약도 했을 텐데 말이에요. 막상 현장에 가면 힘들어서 못 하겠다고도 말해요. 남자들은 당연하게 받아들이고 힘들어도 어떻게든 하는데 말이죠. 이건 현장이 여성의 존재를 불편하게 여기는 게 아니라, 여성들이 현장을 불편하게 여기는 것이죠. 온종일 현장을 누비며 일하는 게 육체적으로 고단하겠지만, 그건 남자와 여자 모두 똑같아요. 물론 남자와 여자가 신체적으로 체력의 한계가 다른 것도 맞습니다. 하지만 일터에서 여성의 체력적 한계까지 고려해서 일을 분배해 주는 건 현장의 입장에선 불편할 일일 수밖에 없어요. 그래도 대부분의 현장이 최대한 여성엔지니어들을 배려해서 업무를 배정해요. 그런데 가끔 현장에서 받는 배려를 당연하게 생각하는 여성 직원도 있더라고요. 이러다 보니 역차별의 이야기가 나오게 되고, 남자 직원들 사이에서 불만이 생겨나기도 합니다. 배려를 고마워하는 게 아니라 당연히 여기면 어쨌거나 배려해 준 입장에선 기분 나쁘지 않을까요? 같은 월급 받고 누구는 힘들고 누구는 덜 힘든데 말이에요. 이런 상황이 발생하는 것 자체가 현장 관리자 입장에서는 매우 피곤한 일이죠.

여성엔지니어들을 필드에 내보낼 때 또 하나의 염려가 있는데요, 성(性) 관련 사고가 날지도 모른다는 우려입니다. 어쩔 수 없어요. 제가 현장의 책임자라도 철야 작업을 하는 현장에 여자 직원을 혼자 관리자로 내보내는 것은 아무래도 마음이 불편할 것 같아요. 남자 직원들은 아무 때나 불러서 내보낼 수 있는데, 여자 직원은 이것저것 따져야 하니 또 상대적으로 얼마나 불편할까요? 여자 직원의 입장으로는 억울하기도 하겠지요. 자기가 그런 배려를 바란 적이 없다면서요. 하지만 이것은 능력과 상관없이 일터의 성격이 그러한 것입니다. 만에 하나라도 불의의 사고가 발생하면 모두에게 좋지 않을 테니까요. 미리 조심하게 되는 것이죠. 나의 문제가 아닌 내가 놓인 상황의 특성인 거예요.

현장으로 발령받은 후 제가 맡은 일은 공무였어요. 현장에서 일하는 하도급 업체들에게 기성을 주고, 본사와 발주처 업무를 처리하는 것이 주 업무였습니다. 아침에 TBM(Tool Box Meeting, 작업 전 안전점검회의)을 하고 들어오면 현장에 나갈 일이 많이 없었죠. 반면 공사팀은 사시사철 현장에 나가 있었어요. 공사팀 직원들은 모두 남자였고요(하긴, 현장에 여자 엔지니어는 저분이었기도 했네요). 현장으로 발령받고 제가 다짐한 것은 "못하겠다고 먼저 말하지 말자."였습니다. 감사하게도 현장에서 많은 배려를 받았어요. 맡은 업무들도, 현장에서의 사소한 보호도 늘 감사했습니다. 저는 맡은 일을 열심히 하는 것, 필드에서 고생하고 돌아온 직원들이 필요할 때 최선을 다해 도와주는 것 말고는 할 수 있는 게 없었어요. 대신 제가 진정성 있게 열심히 업무를 수행하면 상대방도 기꺼운 마음으로 저를 대한다는 건 분명히 알 수 있었습니다.

현장에서의 여성엔지니어의 삶은 녹록지 않을 거예요. 마음을 다치는 일도 비일비재할 거고요. 육체적으로 고단하지만 티 내지 않으려는 하루, 상대방이 던지는 미신 한마디, 남녀 차별이 섞인 은근한 무시. 이 모든 걸 마음에 담아두지 마세요. 그 안에서 내가 고칠 점이 있다면 제대로 고치고, 무시해도 될 말은 깔끔히 지워버리세요. 누군가 나를 나쁘게 말한다면 내 잘못인지 내가 놓인 특성 때문에 어쩔 수 없는 상황인지를 구분해야 합니다. 바로 잡아줘야 할 부분이 있다면 제대로 목소리를 내면 되고요. 그리고 그 모든 것은 자기가 맡은 일을 제대로 해내는 것에서부터 시작하세요.

황은아 선배님의 이야기를 들어봅니다.

현장에는 위험한 부분이 많이 있어요. 처음 출입자들에게는 안전사고가 자주 발생해요. 그래서 현장 출입이 짧은 기술자에게는 안전모의 색깔을 달리

적용해서 주의 깊게 관찰하기도 하죠. 집약적인 육체노동 현장의 현황은 잘 모르겠어요. 예전의 공사현장에서 볼 수 있었을까요? 요즘은 무거운 것들은 장비를 이용해서 이동시켜요.

현장에서는 여전히 새벽에 출근하고 늦게까지 야근하는 경우가 빈번하게 발생해요. 현장이 위험하다고 판단되면, 주야가 따로 없이 관리가 필요한 때도 있어요. 현장이 위험하고 집약적인 육체노동 때문에 여성 기술자를 멀리하는 것이 아니라 현장 근무의 특성상 주 5일제를 할 수 없을 경우 이를 견디는 직원이 필요한데 통상적으로 남성들은 당연하게 해야 한다고 생각하지만, 여성은 할 수 있을까? 하는 의문 때문이예요. 현장숙소에서 의식주를 해결해야 하는데, 여성 기술자가 있으면 별도 구분해야 하는 등의 번거로움 때문일 것이라고도 생각이 들어요. 제가 데리고 있던 직원 중에 현장에서 공무를 보던 친구가 있었어요. 현장에서도 일을 잘해서 인정받는 친구였고요. 그 친구의 업무량은 어마어마했지만, 그것을 다 해낸 친구였죠. 현장에서는 여자와 남자를 구분해서 일하는 것이 아니라 열악하고 많은 업무량을 군말 없이 해낼 사람들을 원하는 거예요. 가끔 딜레마에 빠질 때가 있어요. 주어진 시간 내에서 일해서 얻어지는 기술의 역량과 고난과 역경을 겪으면서 얻어지는 기술의 역량에서 자기 자신의 기술함량에는 어떤 것이 더 좋은지. 노동법에 따르면 정해진 시간 내에서 정해진 일을 해야 되는 게 맞지만, 그렇게 하면 원하는 높이까지 가는 게 사실 힘들어요. 그냥 보통의 위치에서 살겠지요. 게임에서 말하는 '일인분-자기 역할만 해내는 것'을 해서는 자신의 기술 역량을 쌓을 수 없어요. 노력 투자가 무조건 필요하지요. 자신이 기술자로 혼자 설 수 있기를 원하는 거라면, 힘듦도 이겨내야 한다고 생각해요. 저 역시 현장에서 저의 모든 것을 쏟아붓는 시간이 있었고 그 시간이 쌓여서 저를 만들었어요. 현장에서 여성을 싫어하는 것이 아니라 현장에서 무난히 같이 일할 수 있는 기술자를 원하는 겁니다. 한 분야의 전문가가 되고 싶다는 열망이 있다면 당당히 도전하세요.

질문 5
술을 잘 못할 경우에 회사 생활에까지 불이익 있을까요?
성격을 바꿔야 하나 고민한 적도 있는데요,
이런 고충은 어떻게 해결하셨는지요?

답변 》 김혜란, 손순금, 장근영, 황은아

김혜란 선배님의 이야기를 들어봅니다.

제가 사회 초년생이었던 시절, 술을 잘하지 못하면 회사 생활에 불이익이 있는 것은 아니었지만 술을 잘하면 확실히 회사 생활에 유리한 부분이 있는 것으로 보였어요. 그렇지만 시대가 많이 바뀌었답니다. 조직에 따라 과거와 유사한 회식 및 술 문화가 유지되는 예도 있다고는 하지만, 전반적인 사회 분위기는 회식을 자제하고, 하더라도 술을 강요하지 않는 분위기로 바뀌었어요. 술을 잘하거나 못하는 것이 성격과는 무관하므로, 술 때문에 깊은? 고민은 하지 않아도 될 거예요.

조직에 따라, 이미 몸담은 사람들의 성향이나 가치관이 쉽게 바뀌지 않는 경우가 있어요. 하필이면 취직을 한 기관의 발령받은 부서에서 직속 상사가 술 문화 우선이며 회식과 술 문화에 모두가 함께해야 한다는 가치관을 가진 사람이라면, 그리고 그런 가치관에 자신을 맞추기가 버겁다면, 어서 다른 부서로 옮길 방법을 찾거나 또 다른 취직자리를 알아보시기를 추천해요. 일이 주는 스트레스보다 사람이 주는 스트레스가 더 지속적이고, 지독하며, 괴로울 수 있으니까요. 서두에 말씀드렸다시피, 최근에는 술 문화를 강요하지 않은 기관이 더 많으며, 점차 증가하는 추세이기도 하니 미리부터 너무 염려하지 마시고요.

손순금 선배님의 이야기를 들어봅니다.

과거 남성 위주의 기술 분야 특히 토목직에서는 술이 모든 걸 해결해주는 게 관례였겠지만, 지금은 절대 그런 사회가 아니에요. 하지만 문제는 아직도 그런 사고방식에 젖어 있는 몇 명의 상사가 존재한다는 거겠죠? '술=만사'는 잘못된 논리지만요, 술자리와 흡연 장소에서 정보 교류 및 마음 트기 등이 이루어지는 경우가 허다합니다. 왜냐하면 술자리는 오랜 시간 같이하게 되고 흡연 장소는 자주 얼굴을 익히는 계기가 되기 때문이죠. 그래서 술을 못 하는 경우도 꿔다 놓은 보릿자루처럼 자리를 함께하게 되고, 흡연이 목적이 아닌데도 그 장소를 기웃거리게도 되는 겁니다.

그러나 오늘날에는 흡연하는 사람들이 많지 않고, 술을 못 하는 경우 굳이 술자리를 함께하지 않는 것이 문제시되지 않고 있어요. 부서 회식에서 술을 함께 하는 경우에는 원하는 사람들만 마시는 분위기죠. 이어지는 2, 3차 술 문화는 사라지고 각자 집에 일찍 돌아가려는 분위기에요. 술을 못 마시는 것이 앞으로의 직장생활에 문제가 될 소지는 없을 것이라는 생각입니다. 다만 분위기상 술을 못 먹는데 같이 자리를 해야 할 경우, 제가 겪은 좋은 사례를 든다면, 절대로 불참한다는 식의 자리 피하기를 선택하는 것보다는 처음부터 당당하게 술을 못 한다 말하고 대리기사 역할을 자청한다든지, 아니면 자리의 화젯거리(건배사 등)를 잘 준비해서 자신이 그곳에서 역할을 톡톡히 해서 같이 자리한 사람들에게 본인을 인식시키는 것이 중요해요. 즉 그 자리에 같이 했고, 분위기에 휩쓸릴 줄 아는 것이 중요합니다. 술을 마시고 안 마시고는 그리 중요하지 않다는 말이에요.

장근영 선배님의 이야기를 들어봅니다.

저는 토목공학을 전공했습니다. 학교 다닐 때도 토목공학과는 술을 많이 마시기로 유명했죠. 저는 술을 전혀 못 마셨어요. 입사 후에도 소주 한 잔에 옆으로 쓰러질 정도였죠. 근데요, 엔지니어링사 사람들은 술을 엄청나게 많이 그리고 자주 마십니다. 제가 한참 일하던 시절은 거의 매일 야근을 해야 했고요, 저녁 식사 시에 꼭 반주를 곁들이는 문화가 있었네요. 그러다 보니 술을 전혀 못 하는 저는 술을 못 마신다는 것에 스트레스를 상당히 받았어요.

그럼 제가 지금은 술을 잘 마실까요? 아니요~ 지금도 여전히 못 마십니다. 제가 사원 때에는 못하는 술을 주는 사람도 많았고 안 마시면 안 되는 분위기도 조성되어 있었죠. 회식에서, 발주처 출장 업무에서, 제가 술을 못 마셔서 분위기가 나빠질까 봐 걱정해야 하는 시간이 있었어요. 하지만 술을 못 마셔도 술자리에 같이 어울릴 수 있는 열린 마음만 있다면 문제가 되지 않는다고 생각해요. 게다가 최근에는 회사에서건 발주처에서건 억지로 술을 권하지 않아요. 술은 각자의 취향대로, 마실 수 있는 주량만큼만 마시면 되는 분위기에요. 본인이 술을 못 마셔도 술자리에 함께하고자 하는 마음을 갖는 것. 저는 이것을 '동료의식'이라고 생각해요. 나중에 사회생활을 해보면 느낄 수 있는 것인데요, 어떻게 생각하면 그런 자리들도 업무의 연장이더군요. 내가 술을 못 마신다고 그런 자리를 피했을 때 나만 빼고 다른 사람들만 좀 더 친해지는 것이 느껴지기도 하거든요. 그래서 사회 초년병 시절에는 술도 못 마시면서 음료나 물을 먹더라고 같이 어울리려고 필사적으로 노력했네요.

그러면 제가 외향적인 성격일까요? 이것도 아닙니다. 업무로 만나는 사람들은 제가 외향적이라고 생각하지만, 사실은 사람 만나는 것보다 혼자 있는 것을 더 좋아해요. 주말에는 집에서 한 발짝도 나가지 않는 사람이랍니다. 밖에서 보이는 외향성은 노력으로 만들어졌어요. 어릴 때는 출장으로 발주처에 들어갈 때마다 휴게소에서 거울을 보며 웃는 표정을 연습했답니다. 지금도 사람을 만날 때마다 다시 한번 더 마음을 점검 해봐요. 이렇듯 사람 만나는 일을 즐기려고 노력해요. 저 자신은 외향적이지 않은데 토목이라는 외향적인 분야에서 근무하다 보니 내가 좋아하는 일을 잘하고 싶어서 자발적으로 노력하게 되네요.

황은아 선배님의 이야기를 들어봅니다.

예전에는 그럴 수 있었을 지도요. 지금은 술을 못 먹어서 불이익을 받는다는 건 상식 이하의 일이겠거니 생각해요. 저는 태생적으로 술을 이기는 능력이 부족해요. 다만 술자리에서 생기는 진솔한 이야기들, 평소에 하지 못했던 것들을 하는 용기, 반쯤 흩어지는 정신과 분위기가 좋아요. 낯을 가려서 하지 못했던 것들이 술자리에서는 가능해서 좋은 것도 같고요. 요즘은 자기 주량껏 마시라는 분위기이고 힘들면 무알코올로 하면 되죠. 탄산수나 냉수로 대신해도 됩니다. 사회생활을 하다 보면 자연스럽게 성격이 바뀌는 것 같아요. 성격 변화를 고민할 정도라면 충분히 적응할 수 있을 거예요.

술자리 거부로 인한 회사 생활에서의 불이익은 없을 것으로 생각해요. 다만, 그런 자리가 많은데 매번 참석하지 않는다면 조금은 곤란해요. 술을 못 마시는 것은 이해할 수 있지만 회사 생활에서 생기는 상호 간의 유대감 형성, 여러 고민들, 프로젝트에서 발생한 문제해결을 술자리에서 자연스럽게 해결되기도 하거든요. 술을 잘 마시면 좋겠지만, 못 마신다면 자기에게 맞는 방법을 찾아가면 됩니다. 술은 수단일 뿐이에요. 술자리는 소통의 시간입니다.

저는 술을 완전히 못 하지는 않지만 잘 마시는 편도 아니에요. 저희 직원들도 술을 잘하는 직원들은 별로 없는 것 같아요. 직원들 성향에 따라 회식의 형태는 바뀌기도 합니다. 요즘 분위기는 예전과 사뭇 달라서요. 성격이 밝아서 잘 어울릴 수 있다면, 혼자 있는 것만을 좋아하는 개인적인 성향이 강한 것이 아니라면 걱정하지 마세요. 잘 하실 겁니다.

**여성의 출산이 승진, 재취업 제한요인으로 작용하는 문제가
아직도 존재하는지? 이를 극복하기 위해 개인, 기업, 사회가
대처할 수 있는 대안에는 어떠한 것들이 있나요?**

답변 》 김혜란

김혜란 선배님의 이야기를 들어봅니다.

기관에 따라 여건이 다를 수 있지만, 적어도 연구기관에서는 여성의 출산이
승진이나 재취업에 제한요인으로 작용하지는 않는다고 생각해요. 단지 출산
뿐 아니라 육아 등 가사의 부담이 큰 경우 개인이 가진 시간 자원을 일과
가사에 쪼개어 사용해야 하는데, 이 경우에도 업무에 지장을 초래하지 않도록
관리를 한다면 문제가 되지 않을 거예요. 과거와 비교하면 직장에서도 일과
가정의 양립을 위한 지원제도들이 잘 갖추어져 있어요. 임신과 출산, 육아,
가족 돌봄을 위해 필요한 때에 근로시간 단축이나 휴가, 휴직 등을 활용할 수

있어서 (과거보다) 워킹맘의 시간 관리의 유연성이 매우 좋아졌답니다.

기업에서는 일과 가정의 양립을 위한 지원제도 외에도 직장어린이집 설치 및 운영을 적극적으로 검토해야 한다고 생각해요. 워킹맘에게 다른 그 어떠한 지원보다도 가장 절실하게 필요한 부분입니다. 직장어린이집이 아닌 경우, 워킹맘의 근무 환경에 유연하게 대처하기 어려운 상황이 종종 발생하거든요.

質문 7
남/여 육아휴직 문화의 차이를 알고 싶어요.

답변 》 김혜란

김혜란 선배님의 이야기를 들어봅니다.

육아휴직은 통상 여성의 몫으로 인식되던 시기가 있었죠. 그러나 최근에는 그렇지 않아요. 남성도 육아휴직을 사용하는 경우가 많아지고 있습니다. 사회적인 시선도 바뀌었어요.

여성은 출산휴가를 마치고 바로 연속해서 육아휴직을 사용하는 경우가 많아요. 아기가 어릴 때는 수유(授乳) 등의 문제가 있으니까요. 1년의 육아휴직이 충분하지 않을 수 있어요. (제 경험에 의하면) 아이가 처음 어린이집과 같은 단체생활을 시작하면, 감기나 수족구병 등 각종 질병에 시달리면서 등원하지 못하고 집에서 돌보아야 하는 경우가 빈번하게 발생해요. 혹은 마땅한 어린이집을 찾지 못해 집에서 보육해야 하는 경우도 생겨요. 돌봄 이모님 (아이 돌봄을 위해 고용한 아주머니를 이모님이라고 부르곤 해요)의 급작

스러운 결근으로 비상이 걸릴 수도 있어요. 아이를 돌봐줄 사람이 없게 되는 날이 예고도 없이 갑자기 들이닥치는 거죠. 이럴 때 남성이 육아휴직을 고려하게 되는 것 같습니다. 모든 가정에 필요한 순간마다 손주의 양육을 도와주실 조부모님께서 가까이 계신 것은 아니니까요. 양가 어르신의 도움을 못 받는 가정이 적지 않죠. 일반화하긴 어렵지만, 남성의 육아휴직이 조금 더 문제해결에 가깝기도 해요. 자발적인 선택이었든 비자발적인 선택이었든 남성의 육아휴직을 저는 매우 환영해요. 아이의 모든 하루를 책임지고 보살피는 시간을 겪는다는 것은, 결국 아이와의 유대관계를 더욱 끈끈하게 해 줄 테니까요.

경쟁구도 안에서 여성이 지속적인 커리어를 개발하기 위해 특별히 역량을 강화하거나 노력이 필요한 부분은 무엇이 있을까요?

답변 》 김정화, 김형숙, 이효진, 장근영, 황은아

김정화 선배님의 이야기를 들어봅니다.

학교에 있다 보니 새로운 것을 고찰해야 하고 고민할 일이 많아요. 이런 업무의 특성을 고려한다면 남들이 주로 관심을 두지 않는, 오히려 중요하지 않은 분야에서 전문가가 되는 것도 방법이라고 생각해요. 예를 들면 자율주행기술이 교통 분야에서 주 관심사인데요, 저는 여기서 필요한 휴먼(Human, 사람) 요소를 주로 공부하고 연구하고자 합니다. 당장 눈에 보이는 기술적인 요소는 아닐 수 있지만, 사람이 빠져서는 설명이 안 되는 분야가 교통 분야이기 때문에 남들이 조금은 신경 쓰지 않는 영역을 개척해나가려고요. 용기가 필요하기도 합니다.

어떤 특별한 역량이 경쟁력을 만든다고 생각하지 않아요. 전략적으로 나만의 영역을 만들어 나가고 여기에 필요한 노력과 시간을 더한다면 자신만의 커리어를 확립할 수 있겠죠? 박사 학위는 교통정책과 사회심리학을 융합해서 접근했어요. 당시 생소한 영역이라 눈에 보이지 않는 많은 어려움도 있었답니다. 하지만 지나고 보니 나의 정체성을 만들어준 훌륭한 도전이었다고 생각해요. 본인 내면의 힘에 확신하고, 본인만의 영역을 만들어 가는 것, 이에 꾸준한 노력을 더 한다면 그 어떤 경쟁 구도 안에서도 살아남을 수 있어요.

김형숙 선배님의 이야기를 들어봅니다.

직장에서는 월급을 받기 때문에 소위 밥값을 해야 합니다. 여기서는 여성과 남성이 따로 없어요. 일을 잘하고 자기 몫을 해내면 돼요. 다만 출산과 육아로 인해서 남성보다 불리한 조건이기도 하지만 여성만이 가지고 있는 센스(Sense)와 책임감으로 무장한다면 오히려 직장생활을 더 잘 해낼 수 있다고 믿어요. 제가 과장일 때 차장 승진을 앞둔 여성 직원이 저를 포함하여 4명 정도 있었던 것으로 기억하는데요, 선배이기도 하고 경쟁 상대이기도 한 선배들이 했던 얘기가 있었어요. "한 해에 여자 차장 승진을 한 명만 시킨다?" 뭐 이런 얘기였어요. 지금 돌이켜 생각해보면 아예 말이 안 되는 차별 발언이었는데, 그런 생각이나 말을 서슴지 않고 했고 그런 통념이 있었던 걸 생각해보면 '여자는 남자보다 제 몫을 잘 해내지 못한다'는 인식도 은연중에 있었나 봅니다. 오히려 부장으로 승진할 때는 남녀 차별이 없었던 거 같아요. 세월도 변했고요, 사람들의 인식도 바뀌었죠.

여성으로서 보다는 직장인으로서 커리어 발전을 위해 쉼 없이 변화해야 해요. '초격차'라는 책을 쓰신 삼성전자 전 권오현 회장의 글귀 두 개를 인용하고자 합니다.

"변신하지 않으면 살아남을 수 없습니다. 우리의 삶도 마찬가지 입니다. 자신의 위치에서 만족하면서 더 이상의 변신을 멈추어 버린다면 반드시 다른 누군가에게 잡아 먹이고 말 것입니다."
"지도자는 컴퓨터의 CPU에 해당합니다. 자판이나 모니터가 아닌 보이지 않는 곳에서 기능하며, 자신을 항상 업그레이드시켜 나가야 합니다."

삼성전자에서만 이 말이 통한다고 생각하지 않아요. 조직에서 성공하려면 실패를 두려워하지 말고 변화와 성장을 추구하세요.

이효진 선배님의 이야기를 들어봅니다.

어디에 초점을 맞출까 질문을 여러 방면에서 생각해 보았어요. 경쟁 구도, 여성, 지속의 단어들이 눈에 들어왔어요. 먼저 경쟁 구도에서 굳이 남자와 여자를 구분해서 역량을 강화해야 하는지 의문이 생겼어요. 남녀의 성별을 먼저 구분 지어 생각하지 않는 게 좋겠어요. 우리가 일하는 분야에서 여성이기 때문에 좀 더 배려를 받아야 한다라거나, 남성들보다 일부 역량에서 뒤처진다는 마음이 조금이라도 깔려 있다면 단호히 바로잡아야죠. 경쟁 구도에서는 성별보다 '능력'이 우선이거든요. 나도 모르는 사이 성별에 대한 선입견을 가지고 있었다면 확실하게 깨버리세요. 문득문득 깨닫는 순간마다 새롭게 다짐해야 합니다.

그런데 또 이런 질문을 하는 마음을 이해하지 못하는 것은 아니에요. 우리가 선택한 전공과 연계된 분야는 아직 성비가 남성 쪽으로 많이 기울어져 있기 때문이죠. 그러다 보니 여성들에게 시선이 집중되는 경우도 적지 않고, 원하지 않는 험담의 주인공이 되기도 합니다. 굳이 여성에게 특별히 필요한 역량을 찾아본다면 바로 이런 부분에서 찾을 수 있겠네요. 나에 대한 헛소문이나 험담은 걸러 듣고 어떤 상황에서든 의연해질 수 있는 훈련. 흔들리는 마음을 잘 살피는 노력이 필요해요. 내 성별을 미워하지 마세요. 어떤 문제가 내가 여성이라서 생기는 것 같다면 똑같은 요소가 장점이 될 수도 있다는 것을 기억해 주세요. 내가 생각할 때 단점같이 보이는 것들을 잘 이용해서 장점으로 보이게 하는 기술을 쌓아야 합니다. 못하는 것, 불리한 것만 기억해서 주눅 들기보다는 잘하는 것들을 더 잘하게 만들어서 독보적으로 만들겠다는 마음을 굳건히 세우세요. 반대로 내가 생각하는 이점들이 남들의 눈에는 단점으로 지적되기도 한다는 점도 기억해야 해요.

마지막으로 지속에 대해 이야기해볼게요. 지속적인 커리어를 개발하기 위해 제일 먼저 해야 하는 것이 무엇일까요? 바로 '지속하는 것'입니다. 특별히 무엇을 개발하고 더 잘하겠다는 것보다 중요한 것은 '쉽게 그만두지 않겠다는 다짐'이에요. 많이 바뀌었다지만 직장과 가정의 일이 부딪힐 때 남성보다는 여성들이 가정쪽 일을 맡게 되는 경우가 많죠. 출산은 여성만이 할 수 있고, 육아에서도 여성이 차지하는 비율이 높아서 그럴 거예요. 여전히 돈벌이에 대해서는 남자들의 책임이 더 크게 느껴지는 가부장 제도의 문화가 남아있기 때문에 여성들의 직업 포기가 상대적으로 많아지는 것 같기도 합니다. 유학이나 연수 등이 아닌 이유로 커리어가 중단된다면 다시 전공 분야의 일터로 되돌아오기란 쉽지 않아 보여요. 건설업 역시 전문성을 갖춰야 하는 특수 분야이기 때문에 경력 단절이 훨씬 치명적일 수밖에 없습니다. 경쟁 구도에서 몇 년의 단절이 발생하는 동안 경쟁력은 떨어지는 경우가 대부분일 테니까요. 굳이 여성 인력을 찾아 쓰지 않아도 되는 건설업이라서 경력이 단절된 여성을 재고용할 가능성은 크지 않을 거예요. 그만두지 않고 일을 지속하는 것, 힘들어도 굳세게 버티는 것. 아주 기본적인 일이지만 경쟁 사회에서 꾸준히 여성들의 커리어를 발전시키기 위해 꼭 필요한 노력이랍니다.

장근영 선배님의 이야기를 들어봅니다.

남성이 대부분인 엔지니어링사에 근무하다 보니 사회초년생 시절부터 여러 가지로 나오는 다른 남성들의 사고방식에 대해 많은 고민을 해야 했어요. 그러던 중 수자원학회 여성위원회에서 여학생들을 대상으로 멘토링 사업을 하는데 멘토로 참여해달라는 요청을 받게 되었지요. 발표내용 구상을 위해 우리 회사 기술직 여성엔지니어를 대상으로 설문조사를 해봤는데요, 이들이 비슷한 생각을 하고 있어서 놀랐네요. 그 비슷한 생각들이 바로 아래의 내용들이에요.

우선 여성엔지니어가 갖추어야 할 첫 번째 역량은 '기술력'이죠. 이건 기본입니다. 여성이기에 기술적인 면에서 남성들보다 못하다는 평가를 받아서는 안돼요. 업무를 수행하면서도 항상 전공 공부를 하고 본인만의 특화된 분야를 가질 수 있다면 더 좋겠네요. 저는 부장 시절에 상하수도 기술사에 합격했습니다. 업무와 동시에 공부한다는 것이 결코 쉬운 일은 아니었는데요, 노력의 결과로 얻은 명함 속 '상하수도기술사' 이력은 저의 기술력에 대한 신뢰감을 높여주고 있어요.

두 번째는 '목표의식'입니다. 설계사는 업무량이 과다한 직종이에요. 잦은 야근 때문에 자기 시간을 갖기가 어렵습니다(물론 이것은 제가 한창 일할 때의 이야기이고 현재는 야근이라는 말이 무색할 정도의 사회적 분위기가 조성되어 있네요). 또한 여러 사람을 만나야 하고 그 사람들 대부분이 발주처이기 때문에 스트레스도 상당히 받아요. 목표의식 없이는 견디기 힘듭니다.

세 번째는 '근성'입니다. 주어진 업무를 묵묵히 해 나가는 꾸준함을 말해요.

네 번째는 '남성들의 사고방식에 대한 이해'에요. '화성에서 온 남자 금성에서 온 여자(존그레이 지음)' 책 내용을 보면 여자와 남자는 생각하는 방식이 다르다는 것을 알 수 있어요. 남성이 많은 회사에서 여성엔지니어로 일하다 보면 가끔은 생각하는 방식의 차이에서 오는 힘든 시간이 있어요. 근본적인 차이에 대해 이해하고 남성 중심의 조직에서 그들의 방식을 받아들이고 여성의 방식으로 그들과 조화를 이루는 것도 필요해요.

다섯 번째는 '배려'에 관한 판단입니다. 제가 입사할 때 부서 입사 동기 13명 중 여자 동기가 4명이었어요. 저희 팀 선임자들은 저에게 "넌 여자가 아니다. 엔지니어다."라고 말씀하셨죠. "남자 동기들과 호봉도 똑같고 진급도 똑같이 한다. 그러니까 똑같은 업무를 수행해야 한다."라고도 덧붙여서 친절하게 알려주셨습니다. 사원 때는 옆 팀에서 공주 대접받는 동기들이 부러웠어요. 지금 생각해 보면 제가 이 자리까지 올 수 있었던 것은 그때 그런 배려를 안 해주고 험하게 일을 시켰던 선배들 덕분이네요. 다른 여자 동기들은 과장이 되기 전에 모두 퇴사했거든요. 설계업무는 단계를 거쳐 배워나가야 하는 일이에요. 과장, 차장, 부장이 되어서도 배워야 하는 일들이 계속 있습니다. 힘쓰는 일에 대한 배려 등은 고맙게 받아들이면 되는 것이고 출장이나 발주처 업무협의 등 본인이 해야 하는 일에 대한 배려는 거절하고 나도 1박 2일, 2박 3일 출장도 갈 수 있다고 적극적으로 말할 수 있어야 합니다.

다음은 여성들이 특히 취약한 '정보력과 동료의식'이에요. 담배 연기가 싫지만, 그들만의 일상적인 대화에 함께하고, 술자리 등에도 적극적으로 참여하여 동료라는 것을 인식시키세요.

마지막으로는 '체력'인데요, 생각보다 중요해요. 설계사는 많은 야근, 잦은 출장, 술자리 등 강한 체력이 꼭 필요한 직종입니다. 내가 아프면 옆의 팀원에게 피해가 가게 되고 여자라서 약하다는 소리를 듣거든요.

갖추어야 할 것보다 더 중요한 '버려야 할 것들'도 있습니다.

첫째, 여성 스스로 쌓은 '마음 속의 유리천장'. 스스로 정하는 한계에요. 도전보다는 포기하게 되는 마음. 입사 때부터 맨날 듣던 말이 있는데요, "언제까지 다닐 거야?" 였어요. 그때마다 제 대답은 "임원은 달아야죠."였죠. 저는 제 말에 책임을 졌고, 현재 임원이 되어 회사에 열심히 잘 다니고 있습니다.

둘째, '남자처럼 되려 하지 마라!'입니다. 여성이 더 잘 할 수 있는 분야를 공략하고 남성과 차별화되는 방향으로 자신을 알리는 것이 현명해요. 저의 업무는 발주처와 연관이 많이 되는데요, 남자들은 발주처와 친해지고 친분을 쌓기 위해 함께 술을 마셔요. 그런 술자리를 피할 필요는 없지만, 연말연시(年末年始)에 보내는 감사카드(이메일) 하나가 더 여운(임팩트)이 있답니다.

예전에 여성엔지니어가 신입사원 시절 회의 때 상사의 커피 심부름에 "그런 거 하려고 입사한 것 아닙니다."라고 말한 적이 있어요. 그 직원은 자신이 여자여서 시킨다고 오해를 했던 것이었고, 상사는 팀 내 막내 사원이어서 시킨 것이었죠. 우리 스스로가 너무 예민하게 반응할 필요는 없을 것 같아요. 여성은 남성과 신체적·물리적 차이가 있죠. 정수기 물통을 교체할 수 없다면 그 이상의 다른 것으로 배려에 보답하고, 내 역할을 숨김없이 보여준다면 여성이라고 해서 특별한 처방이 필요하지는 않을 거예요.

황은아 선배님의 이야기를 들어봅니다.

저는 당연히 '자격증'이라고 생각해요. 국가에서 인정해주는 최고의 것. 박사학위 취득도 포함됩니다. 저에게는 '토질 및 기초 기술사'가 큰 역할을 했어요. 제가 처음 현장에 배치되었을 때는 토목기사만 가진 풋내기 초급 기사였지요. 계측에서 침하는 레벨기로 측정해요. GPS는 오차가 많았죠. 가격도 비쌌지만요. 폴을 들고 측량 보조를 하고 있으면 시공사 및 감리단에서 물어보더라고요. 측량할 때 폴의 경사를 소거할 수 있는 방법이 뭐냐고요. 폴을 왔다 갔다 하면서 최저점을 측정할 수 있게 한다는 게 답이에요. 이런 간단한 질문을 해요. 왜냐고요? '너는 여자라서 모를 거야.'라는 전제가 깔려있어요. 이런 약간의 무시를 이겨내려면 남자들이 가진 자격조건보다 더 높은 것을 가져야 해요. 그래서 저는 박사학위 또는 기술사 취득을 제안합니다.

저는 2006년도에 토질 및 기초 기술사를 취득했는데요, 사실 그때는 나이가 어려서 현장경험이 많지 않았을 때인데도 남자 기술자들이 저를 인정해주었어요. 그 힘든 것을 해냈느냐고. 기술사 취득 이후 회의에 참석하거나, 기술을 제안하거나, 현상에 대해 설명을 할 때도 무시하지는 않았어요. 경청을 해줬지요. 최고의 기술자격을 가졌을 때 그들은 나를 진정한 기술자로 인정해주었어요. 제가 가장 낮은 '을'의 위치에 있었는데도 말이죠. 갑과 을의 위치를 떠나서 우리는 기술자로 인정받고 싶어 하죠. 그러므로 우리는 반드시 그 자격요건을 국가로부터 인정받아야 해요. 가장 큰 노력을 기울여야 하는 이유에요.

건설환경분야의 여성들 간의 네트워크가 존재하나요? 있다면 어떤 네트워크에 참여하는 중이신지 알고 싶습니다.

답변 » 김연주, 장근영, 정경자

김연주 선배님의 이야기를 들어봅니다.

건설환경 분야 대표 학회인 대한토목학회의 여성기술위원회, 제 전공 분야의 전문 학회인 한국수자원학회의 여성위원회를 통해 여러 여성 전문가 분들과 소통할 기회를 얻고 있어요. 또한, 한국 여성 과학기술인 육성재단(WISET), 여성 과학기술총연합회(여성 과총) 활동도 토목학회와 수자원학회 활동을 통해 연계하여 참여한 경험이 있습니다.

2019년부터 2022년까지 위원장으로 활동했던 수자원학회의 여성위원회를 소개해볼게요. 여성위원회는 매년 수자원학회 및 여성 과총의 지원으로 여러 사업을 한답니다. 우선, 여대학원생 멘토링(mentoring) 사업을 진행해요. 여대학원생들과 사회에 이미 진출한 수자원 분야의 여성 전문가들을 멘티(mentee)–

멘토(mentor)로 연결하여 전공 대학원생들의 미래 설계에 도움을 주고 있어요. 또한, 수자원학회 학술대회 기간 중 여성 분과 운영, 비정기적인 여성위원회 여성 전문가 세미나 등을 개최하여 여성 전문가들의 최근 연구 결과 및 근황 등을 공유할 기회를 제공해요. 연말에는 여성 과총의 학술대회에 참석하여 다른 분야의 전문가들과 교류하는 기회를 가질 수도 있어요. 여러분께도 적극적으로 활동해보세요. 본인의 능력에 날개를 달 수 있도록 활용해본다면 더욱 좋겠죠?

장근영 선배님의 이야기를 들어봅니다.

저는 토목학회 여성위원회와 수자원학회 여성위원회에서 활동하고 있어요.

토목학회 여성위원회는 토목의 여러 분야에서 활동하는 여성엔지니어를 만날 기회가 있다 보니 건설사, 연구원, 건설엔지니어링사의 구조, 토질, 철도, 항만 등 다양한 분야를 이해할 수 있는 기회가 되었고, 수자원학회 여성위원회는 물을 다루는 사람들과의 교류로 공통된 분야에서 오는 교감과 물에 대한 미래 먹거리 등 구체적인 고민을 나눌 수 있어 좋아요.

처음에 학회 활동을 시작했던 때는 회사에서 눈치 보며 야근하던 과장 시절이라 말로만 학회 활동을 했었고 적극적으로 나서지는 못했어요. 일에 치여 지내던 시기이다 보니 개인 시간을 쪼개어 학회 활동을 한다는 것에 적극적일 수 없었죠. 시간이 나면 쉬기에 바빴거든요. 그러다 이사 승진 후 수자원학회 여성위원회 활동을 다시 권유받았어요. 여전히 정신없이 바쁜 일상이었지만 이 분야에서 일하는 다른 여성들을 만날 수 있다는 기대감과 여성엔지니어를 대표한다는 생각에 후배들을 위한 책임감도 갖게 되어 활동을 재개했답니다. 후배들에게 조금이라도 보탬이 되어 보려고요.

엔지니어링사의 손에 꼽히는 임원이다 보니, 책임감을 갖고 행동해야 겠다는 부담감과 후배들에게 길을 열어줘야 한다는 생각을 항상 갖고 있답니다.

정경자 선배님의 이야기를 들어봅니다.

2003년 10월, 대구컨벤션센터에서 개최한 정기학술대회 기간에 김수삼 회장님, 홍성완 부회장님, 임충수 사무국장님과 저를 포함한 15인의 여성 회원이 참석하여 '여성기술위원회의 발족'을 논의했어요. 이어서 2004년에 당시 현대건설 김선미 과장을 초대위원장으로 선임하여 위원회를 출범 시켰습니다. 위원회 명칭에 굳이 여성을 지칭해야 하는지에 대한 이견(異見)이 있어서 의견 수렴을 하도록 한 회의록을 보면서 그때의 찬반 이유가 지금 이라면 좀 달라졌을까 곱씹게 되네요. 2004년에는 행사, 홍보, 예산, 회원 관리, 정보기술, 편집의 6개 분과로 조직을 정비했어요. 저는 정보기술 분과를 맡았답니다.

2004년 8월 제3회 아시아 토목공학대회가 서울 쉐라톤 그랜드호텔에서 열렸어요. 그때 미국 토목학회 회장인 패트리샤 갤러웨이(Patricia Galloway) 여사와 대한토목학회 여성기술위원회가 토론의 시간을 가졌던 것이 좋은 기억으로 남아 있습니다.

2005년 변근주 회장님은 여성기술위원회의 적극적인 역할을 주문하셨는데요, 당시 토목학회 회원 19,100명 가운데 여성회원은 고작 130여 명에 불과했기 때문이었죠. 대한토목학회 여성 회원이 이렇게 적었던 것은 관련 분야 전공자가 적었을 뿐만 아니라 적극적으로 경력을 관리하는 여성 기술자도 많지 않았기 때문이에요. 하지만 서울시가 기술심의위원의 30%를 여성으로 뽑겠다고 할 정도로 사회는 여성 고급 인력의 수요를 폭발적으로 증가시켰죠. 이러한 추세는 앞으로도 지속될 것으로 보여요.

고등학교, 대학교 여학생을 대상으로 찾아가는 멘토링(Mentoring) 프로그램을 시작했어요. 당시 편집위원 분과장을 맡고 있던 구조공학 조미라 박사님의 제안으로 토목학회지에 여성기술위원회 칼럼을 정기적으로 게재하기로 합니다. 저도 의무감에 한 편의 칼럼(정경자, '인터넷에 투영된 여성 토목 기술자의 현주소', 대한토목학회지, 제53권 7호, pp.121-123, 2005.7)을 기재했어요. 위원회의 조직도 기획, 편집, 총무, 홍보, 회원 관리 분과로 정비했어요. 저는 기획을 맡아서 활동했습니다. 2006년 여성기술위원회는 일본 도쿄대학 박노선 특임교수의 요청으로 여성기술위원회가 인터뷰를 하게 되었어요. 이 내용은 일본 토목학회지에 '여성의 힘이 한국을 바꾸고 있다'라는 제호로 게재가 됩니다(박노선, '여성의 힘이 한국을 바꾸고 있다', 일본토목학회지, Vol 91, no.10, pp.22-23, 2006.10).

2대 조미라 위원장과 여성기술위원회의 지속 가능한 프로그램으로 건설현장 견학을 기획했어요. 건설여성회원들이 상대적으로 건설현장 경험의 기회가 제한될 수 있다고 판단했기 때문이죠. 2007년 10월에는 인천대교 현장을 견학했네요.

　20년 전 위원회 활동을 시작했을 때 위원들 대부분은 30대 초반으로 각자가 속한 조직에서 학회 활동이 자유롭지 않았어요. 그래도 여성기술위원회의 토대를 세우고자 열정으로 가득했던 시간이었습니다. 저는 그 공로를 인정받아 2007년 토목의 날에 '여성토목인상'을 수상했어요.

　한국지반공학회는 1984년에 설립된 1만 2천여 명의 회원을 가진 토목분야 최대 전문학회이지만, 여성 정회원은 현재 100여 명 정도에요. 1990년대까지 여성 회원이 10명 미만이었던 것과 비교하면 놀라운 성장이죠. 2019년 한국지반공학회 정충기 회장님의(2024년 차기 대한토목학회 회장) 발의로 여성 기술자의 학회 가입과 활동을 장려하고 고급기술자로 성장할 수 있는 경력 지원을 위해 여성위원회를 발족하게 되었어요. 제가 초대위원장을 맡았습니다. 2020년에는 한국여성과학기술단체총연합회(이하 여성과총)의 법인 회원으로 가입했으며, 2021년도에는 여성과총의 단체지원사업으로 '여성기술자 건설현장 견학 프로그램(Geo-woman on site) 개발'을 수행했죠. 여성회원이 강점을 가질 수 있는 소프트파워(Soft power) 증진을 위한 기술교류와 멘토링(Mentoring) 사업을 추진했고요, 2021년에는 한국지반공학회 가을학술발표회에서 여성위원회 전문분과를 운영했어요. 올해 2023년에는 2대 황은아 위원장과 함께 국내 최대 기계굴착터널인 한강 터널 견학을 추진한답니다.

저자소개

1

"현대건설인으로 살아온 30년!
지열에너지의 선두 주자가 되기 위해 발돋움 중!"

김 선 미 | 지 앤 지 테 크 놀 러 지   대 표

저는 1993년 2월 현대건설 토목사업본부 입사를 시작으로 여성 건설 기술인의 삶을 시작했어요. 대학 때 전공인 토목이 좋아서 시작한 일은 아니었지만요, 환경이 사람을 변화시킨다는 것을 여실히 깨달은 저의 30년 간의 세월이 존재합니다. 현대건설 기술인으로 살아온 저의 30년 인생이 제법 많은 것들을 변화시켰더군요. 저의 남편은 현대건설 토목사업본부 2년 입사 선배로서 저와 같은 길을 걸어와 준 든든한 버팀목이자 기둥이었어요. 힘들고 어렵고 한계에 부딪힐 때마다 서로에게 많은 힘이 되었죠. 현대건설 내에서 저의 커리어(경력)를 키워주기 위해 8개월도 되지 않은 이쁜 딸(주원)을 홀로 한국에 두고 해외 현장 경험을 할 수 있도록 적극적으로 지원해주고 응원을 아끼지 않았던 든든한 저의 짝꿍에게 지금까지도 참 고맙습니다.

저는 여성 기술인들이 직장생활, 직위/진급/연봉/처우 등에 대해 문제를 제기하는 것보다 자기에게 주어진 중요하고 행복한 시간을 어떻게 나의 주변인들과 협력하여 즐겁게 살아갈 수 있을지에 대해 먼저 고민해보기를 권해요. 기술인으로서 여성들이 가지고 있는 한계나 현실적인 문제들은 여러 경로를 통해서 수많이 듣고 보는 기회가 있었을 것으로 생각되는데요, 현장은 이렇고 본사나 해외 근무 시 처우는 저렇고 본사 내부에서 여성 기술인들의 비상(출세)에 대한 한계는 어떻고 등의 이야기에 거리를 두세요. 여성과 남성에 대한 차별은 강도의 차이는 있지만, 어디에서나 있는 현실인 것 같아요. 본인에게 주어진 삶 속에서 본인이 가장 먼저 하고 싶은 일을 힘차게 긍정적으로 적극적인 제세로 해낸다는 용기와 투지를 불태우세요. 이러한 마음가짐이 필요하다고 봅니다.

지난 30년 동안 어떤 상황에서는 심하게 의견 충돌을 일으켰고 크고 작은 여러 문제가 발생했던 적도 있었지만요, 그때마다 최선을 다해 열심히 소통하고 이해하려고 노력했어요. 매일 '여성 기술인'이 아닌 '기술인'이라는 단어를 제 마음속 깊이 담아두고 오늘날까지 살아왔음을 고백합니다. 또한, 회사에 다니면서 석/박사 학위를 취득했고요, 쉼 없는 도전과 재무장을 반복하며 현재에 안주하지 않았어요. 보시다시피 지금도 열심히 멋지게 살고 있답니다.

과거에 치열한 인생을 살아오지 않았다면, 현대건설인 이후로 두 번째 새롭게 도전하는 결정이 쉽지 않았을 거예요. 저는 이제 막 사회생활을 시작하려는 우리의 후배 기술인들에게 다음과 같이 이야기해주고 싶어요.

내가 하는 일에 대한 믿음을 가지고!
내 인생을 의심하지 말고!
나 자신을 믿고!
나와 같은 생각을 하는 사람과의 동행을 통해서
내가 기술인으로서의 정당한 권리를 가지고 공정하게 살아가는 방법을
배워라!

이렇게 적극적으로 권하고 싶네요. 더불어 사는 것이 인생이지만, 결국은 내가, 나 자신을 아끼고 열심히 살아야 하는 것이 나의 인생이니, 나를 믿고 긍정적인 자세로 삶을 꾸려나가시길 바랍니다. 우리 후배님들, 파이팅!

2

"사환시 96"

김 연 주 | 연세대학교 건설환경공학과 교수

안녕하세요. 김연주입니다. 저는 연세대학교 사회환경시스템공학부 96학번으로 입학하여 처음 토목을 접하게 되었습니다. 당시 학부제가 시작되던 시절이라 기존의 토목공학과, 도시공학과를 합친 "사환시"에 입학했습니다. 학과 이름이 "사회", "환경", "시스템" 등의 단어들로 이루어져 이전 "토목" 이던 시절보다 많은 여학생들이 분야에 진학하기 시작한 시기라고 할 수 있습니다.

이후, 수문학으로 미국 미세추세츠 공과대학교(MIT)에서 석사, 코네티컷 대학교(University of Connecticut)에서 박사 학위를 취득했습니다. 졸업 후에는 하버드 대학교(Harvard University)에서 박사후연구원(포닥; Postdoctoral fellow)으로 근무했고요, 나사 박사후연구원 프로그램 (NASA Postdoctoral Program; NPP)을 통해 나사 고다드 우주연구소 (NASA Goddard Institute of Space Studies; NASA GISS, 컬럼비아 대학교 Columbia University 내에 위치)에서 NPP fellow로 연구 활동을 지속했답니다. 한국으로 귀국한 후에는 정부 출연연구원 중 하나인 한국 환경연구원(Korea Environment Institute; KEI)에서 부연구위원으로 5년간 근무했어요. 이후 연세대학교 건설환경공학과에 수공학 분야 교수로 임용되어 재직 중입니다. 학부 수업에서는 기초 유체역학과 수문학, 대학원 에서는 수문 기후학, 생태 수문학, 인공지능과 물 정보 등을 개설하여 가르치고 있어요. 또한, 국가 연구 과제를 수주하여 대학원 연구실(Hydrology and Eco Climate Lab, http://hecl.yonsei.ac.kr)에서 석사 및 박사과정 학생들과 활발한 연구 활동을 하고 있답니다.

3

"나를 믿고 배워나가는 일"

김정화 | 경기대학교 스마트시티공학부 교수

"내일의 나는 오늘보다 나을 것이다."를 인생 좌우명으로 삼고 살아가는 경기대학교 스마트시티공학부 도시교통공학과 김정화 교수입니다. 반갑습니다.

어릴 적 경찰의 꿈을 가졌지만 이를 이루지 못하고 현재에는 학생들과 배움을 나누는 삶을 살고 있어요. 또한, 두 아이의 엄마이자 아내로도 매 순간 배워가며 또 지식과 지혜를 나누며 지냅니다.

누구든지와 배움을 나눈다는 일에는 굉장히 성실하고 단단한 자세가 필요해요. 꾸준히 경력을 쌓고 있는 저에게도 쉽지 않은데요, 이를 버티게 하는 원동력은 '어제보다 오늘, 오늘보다는 내일에 더 나은 내가 있을 거라는 믿음과 자신감'인 것 같습니다. 급변하는 기술 속에서 전통적인 학문 분야를 전공으로 하여 그 업을 이어나갈 때마다 언제나 부족한 자신을 발견하고는 해요. 다만 거기서 멈추거나, 포기하거나, 체념해 버리지 않으려고, 워킹맘으로써의 인생을 꾸준히 버텨보려고 자신을 스스로 다독이네요. 그리고 쉽지는 않습니다만, 자신을 낮추고 열린 마음으로 늘 배우려고도 노력해요. 그렇게 하면 완벽하게 해내야겠다는 삶에 대한 부담감이 덜어지고 일이 조금은 더 재미있게 느껴지더군요.

'나에 대한 믿음'과 '배우고자 하는 자세',

이 두 가지만 여러분이 가질 수 있다면 그 어떤 어려운 환경 속에서도 잘 헤쳐나갈 수 있을 것으로 생각해요.

'용기'를 내세요.

나의 편은 나 자신뿐이랍니다.

4

"대체불가 카리스마"

김형숙 | 한국수자원공사 금강권수도사업 단장

저는 93학번으로 입학하여 토목공학과를 졸업하고 바로 이어서 1997년에 한국수자원공사에 입사해서 올해까지 27년째 근무하고 있어요. 처음 2년간은 광역상수도 건설사업담당, 대리 시절엔 광역상수도 관망 운영, 과장 시절엔 광역상수도 건설 감독 업무, 차장 이후에는 본사에서 광역상수도 관리 총괄, 부장 이후에는 기술관리부장과 디지털계획부장, 디지털기획 처장을 지나, 현재는 수도사업단장을 역임하고 있어요. 그러고 보니 과거에 토목과 두 번째 여학생, 최초의 여성 공사감독, 최초의 여성 사업단장이라는 타이틀(Title, 칭호)도 얻었군요.

학교에 다닐 때나 입사 초기에는 토목직에 여성 직원이 없었어요. 어딜 가나 여자가 왜 토목을 했느냐는 말을 많이 듣곤 했지요. 그때마다 생각했어요. '여성이 토목 분야의 일을 하는 것이 두 번 다시는 특별하거나 이상하지 않은 인식이 심어지도록 내가 보란 듯이 열심히 일해야겠다. 나를 따라올 여성 후배들을 위해서라도, 기필코.'라고 다짐했답니다.

한국수자원공사에서 여러 직무를 담당했는데요, 과장 무렵 한강 강바닥 터널 공사감독을 하면서는 제 이름 석 자가 신문에도 나왔어요. 어려운 공정을 성공시키면서 엔지니어로서도 인정을 받았지요. 바삐 애쓰며 실력으로 경쟁했던 시절을 보내고 이제는 부드러운 카리스마를 장착하게 되었어요. 엄마처럼 따뜻한 리더가 되는 것을 지향하고 있거든요.

'나만의 경쟁력은 무엇이었나?' 돌이켜 생각해봅니다. 첫 번째로는 적극적이고 열심히 일하는 자세였겠지만요, 결국에는 조직에 대한 충성심, 도전에 대한 성취감, 타인에 대한 배려가 아니었을까? 싶어요. 이건 공기업이나 사기업 그 어느 조직을 망라하고 가장 필요한 덕목이 아닐까 생각해요. 단행본 '초격차'의 저자 권오현 회장님 말씀에 따르면, 리더(Leader, 지도자)의 덕목은 진솔함이나 사리사욕이 없는 것이고, 갖춰야 할 소양은 통찰력, 꾸준함 등이라네요. 저의 강점은 이 부분이 아니었나 싶어요. 탁구를 시작하고 나서는 3년을 점심시간마다 쉬지 않고 쳤어요. 수영을 시작하고 나서는 2년째 아침 수업을 빠지지 않고 있으며, 춤을 배울 때는 틱톡 팔로워가 4천이 넘도록 계속 정진했었던 기억이 납니다. 무엇인가를 새롭게 배우고 연습하면서 어제보다 나은 나를 느끼는 것이 너무 즐거워요. 삶의 보람을 느낄 수 있는 촉매제가 되기도 하거든요. 아리스토텔레스(Aristoteles)의 어록 중에 "탁월함이라는 것은 재능이 아닌 습관이며 반복에서 나온다."라는 부분이 있어요. 저는 일이나 운동이나 성장하는 모습을 경험하고 그것을 즐기는 사람이에요. 지속적인 노력을 합니다. 우리 후배님들도 그러한 경험을 통해 성장해 나가길 바랍니다. 현재 제 나이가 50살 즈음이에요. 아직도 성장하고픈 분야가 무궁무진하답니다. 세상에는 할 일과 하고픈 일이 무궁무진해요. 마지막으로, 저는 일하기 바빠서 자녀를 한 명만 두었지만, 여러분은 결혼하고 자녀를 두는 것에 두려워 마시고 일과 가정 모두 행복하게 운영하는 지혜를 발휘하시길 바랍니다. 여러분이라면 해낼 수 있어요. 믿음이 갑니다.

5

"걱정말아요, 그대"

김혜란 | 국토연구원 국토인프라연구본부 연구위원

아직 사회에 진출하지 않은 후배님들. 혹시 여성이란 점 때문에 장차 불이익을 받지는 않을까? 불편함을 감수해야 하는 것이 아닐까? 하는 두려움을 갖고 있으신지요? 이해해요. 저도 그러했으니까요. 그렇지만 사회는 점차 바람직한 방향으로 바뀌어 가고 있어요. 그러니 미리 두려워할 필요 없답니다. 개인차는 있겠지만 대체로 여성이 가진 장점들이 요즘 시대가 요구하는 인재상에 들어맞는 경우가 많아요. 다른 사람의 말을 잘 경청하고, 이해관계가 다른 여러 입장을 조율하여 바람직한 방향으로 이끌고, 꼼꼼하고 안정적으로 업무를 추진하는 태도는 리더(지도자)가 갖춰야 할 덕목이지요. 이러한 장점과 더불어 업무에서 본인만의 전문성을 보여준다면 탁월하게 눈에 띄는 인재가 될 수 있을 거예요.

혹시 꿈이 없어서, 자기의 적성을 몰라서 고민이신 분들도 계시죠? 괜찮아요. 저도 딱히 꿈이 없었어요. 제 적성도 몰랐고요. 막연하게 무언가의 멋진 전문가가 되고 싶었을 뿐이었죠. 하지만 눈앞에 보이는 작은 선택들(전공선택 과목의 결정, 대학원 진학 결심, 지도교수 결정, 논문 분야 결정, 취업 분야 결정 등)을 하나씩 정하고, 그 하나하나에 최선을 다하다 보니 어느새 지금의 자리에 와 있더라고요.

나에게 꼭 맞는 천직(天職)이라는 것이 단 하나로 정해져 있는 것은 아닐 거예요. 어떤 분야에서든 그 안에서 찾다 보면 내가 잘 적응할 수 있는 영역을 발견할 수 있을 테고요. 바라건대, 많은 여성 후배님들이 토목 분야 안에서 자신만의 길을 찾을 수 있기를 고대합니다.

6

"인생 2막 파이팅!"

박 소 연 | S S C 산 업　부 사 장

대학을 졸업을 하고 쌍용건설 플랜트사업부에 입사했어요. 토목, 건축, 환경, 기계, 전기, 화학 등 여러 전공의 사람들이 모여 하나의 플랜트사업을 진행하고 공사하는 곳이었죠. 삼천포 화력발전소, 성남소각장, 울산정유현장, 이란 카란즈 현장 등의 일을 했습니다. 주로 본사에서 현장관리 및 견적을 담당했고요.

제가 건설회사를 다닐 때 여직원은 경리나 비서가 전부였던 시절이었어요. 당연히? 결혼을 하면 회사를 그만 두어야 했고, 결혼하고 일을 계속 한다는 건 쉽지 않았습니다. 그때 저는 결심했죠. 당당하게 결혼하고 임신하고 출산까지 해서도 회사생활을 열심히 해 내겠다고요. 마음속으로 저에게 선언했습니다. 실재로도 저와 제 (여성)동기는 꿋꿋하게 사회의 편견과 싸웠고 당당하게 일했죠. 그러나 1998년 IMF한파가 저에게도 영향을 주더군요. 눈물을 머금고 퇴사했습니다. 하지만 이어서 산업안전공단에 다시 입사했지요. 불굴의 의지가 있었거든요.

두 아이의 엄마로 워킹맘을 하는게 쉽지 않았지만 친정엄마의 도움으로 가능했어요. 그러나 육아를 도와주시던 어머님께서 몸이 편찮아지셔서 많은 고민 끝에 되사를 결정하게 되었습니다. 퇴사를 하고 집에 있는 동안 뭐든지 열심히 배우고 공부했어요. 대학교 학부 전공과 상관없는 아동학 학사 학위를 사이버대학에서 취득했죠. 독서지도자 자격증도 땄습니다. 아이들이 어느정도 컸고요, 다시 대학교 학부때 전공한 토목공부를 시작했어요. 지반으로 석사학위를 받았고 이어서 박사과정을 밟았습니다.

인생은 참 알 수가 없더군요. 경력단절로 토목일을 다시 시작할 수 있을까? 의심도 되고 걱정도 했는데요 기적과도 같은 기회가 다시 찾아왔습니다. 어떤 일이든 준비된 자만이 기회를 잡을 수 있다는 말. 동감합니다. 저에게도 통했던 거죠.

경력단절 후 다시 사회로 나온지 올해 딱 10년이 되었어요. 우리 회사는 23년된 터널과 사면보강을 훌륭하게 해내는 회사에요. 뭐든 바닥부터 최선을 다하고 많은 사람들과 잘 어울리는 제 성격을 회장님께서 인정해주셔서 지금의 자리까지 오게 되었습니다. 좋은 회사에서 경력을 차곡차곡 쌓을 수 있게 되어 개인적으로는 매우 큰 영광이고요. 이에 따른 책임감도 큽니다.

후배 여러분, 살다가 보면 경력이 단절될 수도 있어. 그럴 수 있습니다. 하지만 그동안 자신을 위해 투자하세요. 운동도 열심히 해서 체력도 뒷받침해 놓으시고요. 뭐든지 준비한 자만이 자신의 꿈을 이어갈 수 있답니다.

7

"저는 LH(내) 손 순금입니다!"

손순금 | 한국토지주택공사 지역발전 디렉터

저는 1963년 우리나라 제1차 국토종합개발계획이 수립된 해에 태어났어요. 대학부터 40여 년간 ㈜대우, 서울대 환경계획연구소, LH(한국토지주택공사)에 재직하며 우리나라 국토종합개발관련 업에 종사했고요, 그중 33년 이상은 LH에서 근무했습니다. 그러니 제 업(業)을 필연(必然)이라고 해야겠죠? LH에서 전국 4천만 평(분당신도시 8개 규모) 130여 개 사업지구와 전국적인 지자체 지역개발 사업을 담당하면서, 대학과 대학원 전공인 조경과 도시계획, LH 재직 중 도전한 부동산 및 지역개발 석·박사과정을 융복합하여 우리나라 국토개발에 대한 다양한(멀티, Multi) 시선(視線), 깊은 통찰력을 갖게 되었고, 지난 40여 년간 제가 하고 싶은 일들(학업과 일)을 모두 잘 해낼 수 있었음에도 무한한 감사와 자부심을 느낍니다.

제 삶에는 3가지 모토(Motto, 좌우명)가 있어요.

약자로 MSS입니다.

M은 Memo로 '적자생존(다윈의 適者生存의 뜻은 아니고)'
적는(Writing) 자(者)만이 생존한다.
S는 Site로 '백문불여일견(百聞不如一見)',
우리의 모든 문제는 현장에 답이 있다.
마지막 S는 Study로 아는 것만큼 보이고 들리니
꾸준히 배우고 익혀야 한다.

이러한 제 인생의 좌우명과 더불어 발상의 전환, 전문성 갖추기, 일머리 노하우(Know-how) 장착, 그리고 시의적절한 트렌드(Trend, 추세) 놓치지 않기를 업무에 적용하려고 부단히 노력해왔어요.

또 다른 제 이름 석 자(손순금)에서 딴 사적(私的)으로 제가 힘들고 어려울 때 저 스스로를 위해 주문하는 문구가 있어요.

『"손" 모아 우연을 빌기보다는

"순" 수한 열정과 노력으로

"금" 자탑을 쌓자.』

입니다.

어릴 땐 제 이름이 다소 촌스러워 부끄러웠는데요, 지금은 LH 내 '(LH) 손 순금; 맡은 일은 모두 성취해 내는 마이더스(Midas)의 손(手)'이 되어 회사 안팎에서 인정받는 존재가 되었네요.

저는 LH에 기혼(旣婚)으로 그것도 기술직으로 입사했기 때문에 결혼과 직장 그리고 육아가 최대 난제(難題)였어요. 다행스럽게도 주변에 언니(애들 이모) 등 든든한 조력자와 남편의 후원(결혼할 때부터 저는 계속 일을 하겠다고 언약을 했죠) 덕분에 잘 이겨낼 수 있었어요. 1980년대 중반 많은 여성 직장인들이 그러했듯이 제가 결혼과 동시에 직장을 그만두고 살림과 육아에만 전념했다면 오늘 이 책에서 저를 소개하는 일은 불가능했겠죠? 다시금 돌이켜 보건데, 아슬아슬한 순간(장기출장, 출산 후유증, 승진배제 등)들이 많았지만, 오직 제가 좋아했기 때문에 하고 싶은 일을 끝까지 포기하지 않았기에 지금의 제가 그리고 이 모든 것이 가능하지 않았나 생각해요. 후배들이 끔찍이도 싫어하는 얘기지만 "저는 사실 오늘 아침까지도 특히 LH에서의 33년 동안 단 하루도 회사에 가기 싫은 날이 없었답니다."

8

"수자원 연구자로 성장하는 중입니다."

윤성심 | 한국건설기술연구원 수석연구원

안녕하세요. 윤성심입니다. 저는 1999년에 세종대학교 공학부에 입학해서 토목환경공학을 전공하고, 2004년부터는 대학원에 진학해서 수자원공학을 세부 전공한 후, 2011년에 박사학위를 받았어요. 졸업 후에는 일본 교토대학 방재연구소에서 특정연구원, 연구조교수, 기상청 출연사업단에서 선임연구원으로 근무하다가 2018년 2월에 한국건설기술연구원에 수석연구원으로 입사해서 근무하고 있답니다. 현재는 수자원하천연구본부에서 수문과 기상 분야를 접목한 강우예측 정보생산, 홍수예측기술 및 시스템 개발 연구를 주로 하고 있어요. 제가 하고 있는 연구 중에 연구책임자로서 담당하고 있는 일은 '발전용 댐 유역에 최적화된 고해상도 실황 및 예측강우 정보를 생산하기 위해 고도 영향을 고려한 레이더와 지상 강우 자료의 합성 기술과 딥러닝 알고리즘을 이용하여 강우를 예측하는 기술 개발'이에요. 설명이 너무 길었나요? 간추려 말씀드리면, 최적 강우예측 정보를 생산해서 웹/GIS 표출 시스템과 연계하여 이를 댐 운영에 활용할 수 있도록 연구하고 있어요. 해당 연구 외에도 관측망 한계 및 지역적 영향으로 강우 관측 정확도가 높지 않은 동해안 지역에 설치된 최신의 소형 레이더를 지역 내 소하천 홍수예측에 활용하는 연구, 도시홍수 예측기술, 돌발성 호우의 사전탐지 및 위험도 판정 연구 등을 수행 중이고요.

본 에세이집을 쓰면서 생각해보니 저는 운이 좋게도 여성토목인으로, 여성 연구자로서 살아온 삶이 생각보다 평탄했고, 아직은 다행스럽게? 남녀차별에 대한 시선도 크게 겪어 본 적이 없었네요. 그래서 취업 준비, 현재 연구자로 사는 생활, 연구역량 유지를 위한 노력, 직장생활을 하면서 겪는 어려움을 공유하려고 해요. 후배님들께 도움이 될 내용으로 잘 적어보겠습니다.

9

"직장인, 여행인플루언서, 작가"

이효진 | D L 이앤씨 경 영 진 단 팀   차 장

첫 회사 입사 후 15년째 같은 직장에서 근무 중인 직장인 이효진입니다. 반갑습니다. 입사 후 3개 국가의 교량 현장에서 근무했습니다. 대한민국의 이순신 대교, 브루나이의 템부롱 대교, 터키의 차나칼레 대교. 각 나라들의 가장 큰 교량을 놓는 자리에 있었습니다. 해외 영업팀을 거쳐 현재는 경영진단팀에서 근무 중이고요.

저는 하고 있는 일과 하고 싶은 일이 충돌할 때마다 여행을 갑니다. 마음이 기쁘거나 힘들 때는 글을 씁니다. 생각하는 사람, 반짝이는 사람, 용기있고 따뜻한 사람이 되고 싶어요.

여행에세이 [이 여행이 더 늦기 전에], 자기개발 에세이 [블로그 하는 마음]을 썼습니다. 여행 인플루언서로 활동 중이며, 경험을 나누는 강연 자리가 있으면 기쁜 마음으로 찾아가고 있어요.

회사의 일이 내 인생의 전부가 되지 않도록, 일과 삶의 균형을 잘 잡아보려고 해요. 소중한 내 인생만큼은 내가 주인이 되어 살고자 한답니다.

10

"여성엔지니어에서 당당한 엔지니어로!!"

장근영 | ㈜도화엔지니어링 물산업부문 전무

현재 ㈜도화엔지니어링 물산업부문 상하수도부에 전무로 근무하고 있는 장근영입니다. 1997년에 입사한 27년 차 여성엔지니어로서, 국내 상하수도 분야의 기본구상, 타당성 조사 및 분석, 기본계획, 기본설계, 실시설계 등 건설엔지니어링 분야에서 약 280여 개의 프로젝트를 수행해 오면서 우리의 생명과 다름없는 '물'을 고도로 산업화하고 발전시켜 오는데 한몫 해왔습니다.

제 소개 어때요? 멋져 보이나요? 처음 신입사원으로 출근해 바짝 긴장한 애송이(초보) 기술자로 업무를 보던 때가 엊그제 같은데, 이제는 임원이 되어 팀장으로서 한 팀을 이끌어 가는 조직의 리더(지도자)가 되었네요. 이 에세이를 준비하면서 저의 신입사원에서부터 팀장까지의 세월을 되짚어 보니 감개무량(感慨無量)합니다. '나 정말로 치열하게 열심히 살았구나!' 하는 생각도 드네요. 순간순간 너무 힘들어서 포기하고 싶은 시간이 있기도 했고, 다른 한편으로는 내가 계획하고 설계한 시설물이 멋지게 건설되고 운영되어 우리 환경과 삶의 질 개선에 기여하는 것을 보면서 보람도 느끼곤 했어요. 사회에 선(善)한 가치(價値)를 하나 둘 만들어가면서 그동안의 힘들었던 순간은 잊어버리게 되었죠. 도리어 제가 위로받기도 했습니다. 애썼다 수고했다며 스스로를 토닥였지요.

제가 회사 생활을 시작했던 시절에는 여성엔지니어가 드물었어요. 저는 회사에서도 발주처에서도 눈에 띄는 존재였습니다. 우리 분야에서 여성은 남성보다 훨씬 노력하고 열심히 일해야 평범한 남성들만큼은 한다는 평가를 받던 시절의 이야기에요. 그런데도 긍정적인 면이 있었죠. 열심히 하면 임팩트(Impact)가 강해서 오래 기억에 남는다는 것. 대신에 한번 실수하면

"여자라서 그래."라는 말을 들을 수도 있었어요. 여성에 대한 편견이 일반화(대표성으로 치부)될까봐 그것이 싫어서 더 악착같이 버텼습니다.

사회초년생 시절에는 남성 위주의 엔지니어링사에서 우습게 보이고 싶지 않아서 엄청나게 센 척을 하며 거칠게 행동하고 말도 거침없이 했어요. 그때는 '강함이 부드러움을 못 이긴다'를 깨닫지 못했죠. 햇병아리 사원 시절의 시행착오 에피소드는 여럿 있는데요, 함구합니다. 그래도 엔지니어가 지녀야 할 자긍심, 보람, 그리고 먼저 길을 걸어간 여성엔지니어로서의 사회적 책임감은 항시 잊지 않았어요. 지금의 저를 만들었고 이 자리까지 이끌어 온 큰 원동력이 되었습니다.

법현 스님의 "좋은 돌이라도 제자리를 못 잡으면 걸림돌이다. 설령 좋지 않은 돌이라도 제자리를 잘 잡으면 디딤돌이 된다. 걸림돌을 돌의 문제로 생각하는 사람은 돌을 쪼아대지만, 위치의 문제로 생각하는 사람은 돌을 옮겨 디딤돌로 만든다."라는 말씀을 좋아해요. 마음속 깊이 새기며 사람의 다양성을 인정하고 배려하려고 노력하는 중입니다. 또한, 도화엔지니어링의 미션(Mission)인 "안전하고 행복한 삶을 위한 미래를 창조합니다."를 사회적으로 실천하기 위해 최선을 다하고 있어요. 앞으로도 지금처럼 멋지고 당당하게 살아갈 계획입니다.

후배님들! 한국의 멋진 여성엔지니어로서의 길을 걸어보지 않으시겠습니까? 여러분의 당차고 힘찬 행진을 응원합니다.

11

"여전히 걷고 있는 사람"

정경자 | 한국도로공사 도로교통연구원 연구위원

저는 1995년에 한국도로공사 도로연구소(1981년 도로연구소, 2002 도로교통기술원, 2008 도로교통연구원으로 이름이 바뀜)에 입사하여 절토사면의 안전성에 관한 연구와 기술지원을 하게 됩니다. 1996년에는 마땅한 전공자가 없어서 교량 세굴 연구를 맡게 되었죠. 이후에 관련 연구와 기술지원을 도맡게 되면서 사내에서 교량 세굴 전문가로 통하게 되었어요. 무조인트교량(교량의 신축이음장치를 없애고 거더와 교대를 일체화시킨 교량, Integral bridge)을 국내에 도입하기 위한 무조인트교량 실용화 연구, 연약지반구간 고속도로 유지관리대책수립 연구 등을 수행했습니다. 2007년 말부터 국책연구과제인 초장대교량사업단의 기획연구를 시작으로, 2015년 까지 주관기관의 지반 분야를 총괄, 4핵심과제 연구진으로 참여했어요. '현장타설말뚝의 건전도평가와 연직지지거동 분석', '매입말뚝의 한계상태 설계법 개발' 연구는 힘들었지만, 열정을 쏟았고 나름대로 의미 있는 성과를 도출했다고 자부해요.

저는 토목공학과 학부를 졸업하지 않았습니다. 제가 한국도로공사에 입사한 해인 1995년은 경제호황이었어요. KDI(한국개발연구원)의 1994년도 연말 보고서(KDI "1995년 경제전망 및 거시정책방향", 제71호(9441), 1994.12.19)에서 1994년도에는 9% 이상의 고성장이 예상되고, 1995년도 에는 7%의 경제성장을 전망했죠. 건설산업도 예외는 아니어서 1995년 상반기 건설경기동향전망(국토연구원, 국토 학술저널 국토정보 1995년 5월호 (통권163호), 1995.5 49-54 (6page))에 의하면 연간으로 토목 분야 건설투자는 전년도의 증가세가 이어져 전년 대비 11.7%가 증가할 것으로 분석했고요. 다른 한편으로는, 1994년 성수대교의 참사에 연이어 삼풍백화점이 붕괴한 해이기도 합니다. 이로 인해 건설 기술의 중요성이 부각되었고 공공기관이나 기업은 연구 조직을 신설하거나 확장했어요. 한국도로공사 도로교통연구원에서도 1995년 10월에 16명에 이르는 대규모 전문연구원을 뽑게 됩니다. 저는 절토 비탈면 조사를 목적으로 외자조달로 구매한 탄성파탐사기를 활용할 수 있는 전문가로 채용이 되었어요. 1993년 구포역 노반침하사고(1993년 3월 28일 오후 5시 30분에 경부선 하행선의 구포역 인근에서 철도 횡단 전력구 공사를 위한 발파 중 노반이 침하되어 무궁화호 열차가 전복된 사고로 78명의 사망자와 198명의 부상자를 낸 사고)의 물리탐사 결과를 논문발표 평가에 활용했던 기억이 납니다.

입사 후 최대의 고비는 3년 후에 찾아왔어요. 1997년 12월 3일. 대한민국이 IMF에 구제금융을 받게 되면서 공공기관에도 자산매각, 조직축소 등의 자구책 마련이 요구되었어요. 전문연구원은 당시 3년 계약직이었는데, 1998년 재계약을 한 달 앞둔 상황에서 일괄 해고 예고 통지문을 받는 일도 있었죠. 저요? 감사하게도 잘 살아남았습니다.

사범대 지구과학교육과를 졸업한 저는 고속도로 건설 현장을 다닐수록 우리 삶에 미치는 토목의 영향력에 압도되었어요. 기술지원 과정에서 축적된 노하우를 발전시키고 싶은 마음에 지반 공학을 전공하여 2007년에 박사 학위도 받았답니다. 돌이켜 생각해보니 필자는 '운이 좋은 사람'이네요. 좋은 기회가 주어졌고 여러모로 도움을 주는 훌륭한 사람들이 곁에 있었습니다. 박사 학위는 또 다른 기회의 문을 열어줬어요. 전문가로 위원회 활동을 하면서 다양한 분야에 대해 더 공부하게 되었죠. 전체를 볼 수 있는 안목, 의사 결정의 중요성, 건설산업의 생태계 등을 알게 되었습니다.

2007년에 연세대학교 여학우들을 대상으로 특강을 할 영광스러운 기회가 있었어요. '차세대 지도자들에게'라는 제목을 달고 후배들에게 전달하고 싶었던 메시지는 "Don't rush, never give up.(서두르지 마, 절대 포기하지 마)"이었습니다. 15년이 지난 지금도 여전히 그 말을 해주고 싶어요. 인생은 힘들고 지루한 일상들이 포개져서 빚어지는 도자기와 같다고 생각해요. 우리의 하루가 계획한 모습 그대로 흘러가지는 않지만, 묵묵히 걷다 보면 새로운 기회가 찾아오더라고요. 중요한 것은 지향점을 가지고 계속 걸어가는 것이랍니다.

12

"황은아입니다."

황은아 | 미래지반연구소 연약지반 개량시공 대표

나이 50을 김미경 작가는 새로운 스무 살로 말하더군요. 안녕하세요? 인생을 새롭게 다시 시작할 수 있는 50살 황은아입니다.

토목현장에서 계측관리를 시작으로 연약지반 개량시공을 한 지도 벌써 햇수로 26년 차가 되었네요. 직원에서 1인기업으로 창업해 현재는 직원 15명과 같이 일하고 있어요. 저는 영화 '역린(逆鱗)'의 마지막 장면에서 현빈이 읊조렸던 '중용 23장'을 좋아해요. 기업은 사람의 마음을 사는 것이고 이를 얻기 위해서는 사소한 것에도 소홀히 하면 안된다는 말 뜻을요. 그래서 저는 사소한 것이라도 공감하려고 노력하는 편이에요. 제 인생 좌우명은 '스스로 행복하기'입니다. 선택의 갈림길에서 1g이라도 무거운 행복의 크기 쪽으로 결정하는 편이죠.

꾸준히 일했어요. 미래에 무엇인가를 하기 위해서 혹은 10년 마다는 이렇게 하고 등의 구체적인 인생계획을 세우기보다는 현재 지금 주어진 일에 늘 최선을 다했습니다. 불교에서 이야기 하는 '정진(精進)'을 실천했어요. 똑똑 떨어지는 물방울이 바위를 깨는 것처럼 꾸준하게 정진한다는 것은 참 대단한 일이랍니다. 나의 일을 10년 넘게 지속하면서 사회에서 인정을 받기 시작했고요, 또 이어서 10년간 정진했더니 여러 기회가 생기더군요. 이렇게 에세이집에 공동저자로 참여할 수 있게 된 것도 저에게는 새로운 기회입니다.

일을 하면 할수록 새로운 결핍이 생겨요. 전문성에 대한 결핍, 그때마다 공부를 했습니다. 대학원 공부를 시작했던 것, 리더가 되기 위해 필요한 스킬(Skill)을 익힌 것, 단체에 가입하여 활동했던 인생공부 모두. 부족한 무언가를 다양한 형태의 공부를 통해 채워가며 현재를 살고 있어요. 이렇게 경력이 쌓이다 보니 자연스럽게 후배들의 멘토(Mentor)가 되었네요.

살면서 인생의 터닝포인트(Turning point)가 있었어요. 저에게는 토질 및 기초 기술사 취득이 가장 큰 영향을 주었죠. 다른 단계의 사회로 나아가는 초석이 되었고 보잘것 없는 나를 기술자로 인정해 주고 끊임없이 도전할 수 있도록 원동력이 되어 주었습니다.

후배님들~ '만 시간의 법칙'을 믿어보세요! 만 시간 이상 꾸준하게 정진(精進)한다면 당신은 이미 전문가가 되어 있을 것입니다.

도움을 주신 분들

토목, 인생, 무엇이 궁금해?

초판 발행 2023년 10월 12일

지은이   대한토목학회 여성기술위원회
펴낸이   허준행
발행처   KSCEPRESS
등록   2017년 3월 10일(제2017-000040호)
주소   (05661) 서울 송파구 중대로25길 3-16, 토목회관 7층
전화   (02) 407-4115
팩스   (02) 407-3703
홈페이지   www.kscepress.com
인쇄 및 보급처   도서출판 씨아이알(Tel. 02-2275-8603)

ISBN 979-11-91771-17-6 (93530)
정가 18,000원